Medios de Enlace
Un Enfoque Práctico

Esp. Ing. Eduardo Juan Menso

Medios de Enlace
Un enfoque Práctico

Diseño de Tapa: Universitas
Autoedición: Universitas
Producción Gráfica: Universitas

editorialuniversitas@yahoo.com.ar

Prohibida su reproducción, almacenamiento y distribución por cualquier medio, total o parcial sin el permiso previo y por escrito de los autores y/o editor. Está también totalmente prohibido su tratamiento informático y distribución por internet o por cualquier otra red. Se pueden reproducir párrafos citando al autor y editorial y enviando un ejemplar del material publicado a esta editorial.

Hecho el depósito que marca la ley 11.723

© 2020 – 1ª Edición. UNIVERSITAS. Editorial Científica Universitaria. Córdoba.

Agradecimientos

- A los Alumnos de la UTN FRC, origen y principales destinatarios de este trabajo.

- A los Alumnos de los curso 3R1 de la carrera de Ingeniería Electrónica de la UTN FRC, curso en el que me desempeño como Profesor por Concurso.

- Al Profesor Ing. Salomón Rabinovich, por su permanente apoyo a las iniciativas que desde el Laboratorio de Comunicaciones de la UTN FRC, se generan para beneficio de los Alumnos dentro del área de las comunicaciones.

- Al Dr. Ing. Víctor Sauchelli, por su apoyo y valiosas consideraciones para con el Laboratorio de Comunicaciones de la UTN FRC y el autor de esta obra, todas ellas en relación a la mejora académica y curricular de nuestro ámbito.

- Al personal directivo y colegas de la UTN FRC y del Departamento de Ingeniería Electrónica, por permitir y apoyar mi tarea docente y las iniciativas tomadas tanto personalmente como desde el Laboratorio de Comunicaciones, hechos realizados en la intención de generar elementos académicos y laborales que prestigien a nuestra Facultad.

- Al personal del Laboratorio de Comunicaciones del Departamento de Ingeniería Electrónica de la UTN FRC, por su inestimable colaboración con esta obra y con las tareas que se encaran en dicho ámbito en pro de los Alumnos de la cátedra "MEDIOS DE ENLACE".

Dedicatoria

Al amor de mis hijas Laura y Lucía.

Índice

ÍNDICE 9
PRÓLOGO 17
ESPECTRO ELECTROMAGNÉTICO 19
    1.1. DEFINICIÓN 19
    1.2. CARACTERÍSTICAS 19
    1.3. SISTEMA DE COMUNICACIONES 19
        1.3.1. Concepto básico *19*
        1.3.2. Sistema completo *20*
    1.4. MODOS DE COMUNICACIONES 22
        1.4.1. Unidireccional o símplex *22*
        1.4.2. Bidireccional o dúplex *22*
    1.5. CLASIFICACION DE LAS ONDAS ELECTROMAGNÉTICAS 23
        1.5.1. Según su longitud de onda *24*
        1.5.2. Según su frecuencia *24*
    1.6. BANDAS DE FRECUENCIAS 25
        1.6.1. Ubicación en el espectro electromagnético *25*
        1.6.2. Normalización del espectro electromagnético *25*
    1.7. MODULACIONES 26
        1.7.1. Definición *26*
        1.7.2. Clasificación *26*
        1.7.3. Aplicaciones *27*
    1.8. IRRADIACIÓN 27
        1.8.1. Irradiación analógica *28*
        1.8.2. Irradiación digital *28*
    1.9. PROPAGACIÓN DE UNA ONDA ELECTROMAGNÉTICA 29
        1.9.1. Generalidades *29*
        1.9.2. Formas básicas *29*
        1.9.3. Modos compuestos *30*
    1.10. SERVICIOS DE DIFUSIÓN PÚBLICA 30
        1.10.1. AM *30*
        1.10.2. FM *31*
        1.10.3. TV ANALÓGICA *31*
    1.11. PROBLEMAS 34
    1.12. PREGUNTAS DE REPASO/EXAMEN 35
ECUACIONES DE MAXWELL 37
    2.1. CAMPOS ELÉCTRICOS Y MAGNÉTICOS ESTÁTICOS 37
        2.1.1. Ley de Ohm puntual *37*
        2.1.2. Relación de continuidad *37*

2.1.3. Relaciones de fuerza *37*
2.1.4. Campo electrostático [E] *38*
2.1.5. Relaciones *38*
2.2. LEYES DE ELECTROSTATICA Y DE MAGNETOSTATICA 39
2.2.1. Ley de Faraday *39*
2.2.2. Ley de Gauss para el campo eléctrico *40*
2.2.3. Ley de Ampere *41*
2.2.4. Ley de Gauss para el campo magnético *42*
2.2.5. Ecuación de continuidad *42*
2.3. LEYES DE MAXWELL 43
2.3.1. Origen *43*
2.3.2. Ley de Faraday *43*
2.3.3. Ecuación de continuidad *44*
2.3.4. Ley de Ampere (incompatibilidad) *44*
2.3.5. Resumen *46*
2.3.6 Teorías Físicas *47*
2.4 PREGUNTAS DE REPASO/EXAMEN 48

CONDICIONES DE CONTORNO **49**

3.1. DEFINICIONES 49
3.1.1. Condiciones de contorno *49*
3.1.2. Medio *49*
3.1.3. Frontera *50*
3.2. CONDICIONES GENERALES 50
3.3. CAMPO ELÉCTRICO 51
3.4. CAMPO MAGNÉTICO 54
3.4.1. Caso general *54*
3.4.2. Separación entre dos dieléctricos *54*
3.4.3. Separación entre un conductor perfecto y un dieléctrico *55*
3.5. DESPLAZAMIENTO ELÉCTRICO 56
3.5.1. Separación entre dos dieléctricos *56*
3.5.2. Separación entre un conductor perfecto y un dieléctrico *58*
3.6. DENSIDAD DE FLUJO MAGNÉTICO 59
3.7. CONCLUSIONES 59
3.7.1. Resumen de las ecuaciones de Maxwell y las condiciones correspondientes de fronteras espaciales en una interacción. *60*
3.8 PREGUNTAS DE REPASO/EXAMEN 61

ECUACIÓN DE ONDA ELECTROMAGNÉTICA **63**

4.1. ECUACIÓN DE ONDA EN UN MEDIO HOMOGÉNEO. DEFINICIONES 63
4.1.1. Onda *63*
4.1.2. Medio homogéneo *63*
4.2. ECUACIÓN DE ONDA EN EL ESPACIO LIBRE 63
4.3. PROPAGACIÓN DE ONDA PLANA 65
4.3.1. Generalidades *65*
4.3.2. Sentido de propagación *65*

  4.3.3. Ondas planas uniformes 66
 4.4. IMPEDANCIA INTRINSECA DEL MEDIO Z_{00} 68
  4.4.1. Definición 68
  4.4.2. Determinación de su valor: 68
  4.4.3. Análisis dimensional: 73
  4.4.4. RESUMEN 73
 4.5. Velocidad de fase v_F 74
 4.6. Longitud de onda: λ 74
 4.7. Factor de disipación: FD 75
 4.8. Variación sinusoidal en el tiempo 75
 4.9. Resumen 76

POLARIZACIÓN 79

 5.1. CARACTERÍSTICAS DE UNA ONDA ELECTROMAGNÉTICA 79
 5.2. DEFINICION 80
 5.3 CLASIFICACIÓN 81
 5.4. UBICACION ESPACIAL DE LOS CAMPOS E y H 81
  5.4.1. Polarización lineal horizontal 81
  5.4.2. Polarización lineal vertical 82
 5.5. ANÁLISIS DE LAS POLARIZACIONES 82
  5.5.1. Polarización lineal 82
  5.5.2. Polarización elíptica 83
  5.5.3. Polarizacion circular 85
 5.6. APLICACIONES 85
  5.6.1. Polarización lineal perpendicular 86
  5.6.2. Polarización lineal paralela 86
 5.8. PREGUNTAS DE REPASO/EXAMEN 87

POYNTING 89

 6.1. GENERALIDADES 89
 6.2. DEFINICIÓN 90
 6.3. ANÁLISIS DIMENSIONAL 90
 6.4. ANÁLISIS DESDE LAS ECUACIONES DE MAXWELL 91

REFLEXIÓN NORMAL SOBRE UN DIELÉCTRICO 97

 7.1. Introducción 97
 7.2. DEFINICIÓN DE PARÁMETROS 101
  7.2.1 Coeficiente de reflexión 101
  7.2.2. Coeficiente de refracción 102
  7.2.3 Relación de Onda estacionaria ROE 103
 7.3. EJEMPLO 104
 7.4 PREGUNTAS DE REPASO/EXAMEN 107

INCIDENCIA NORMAL SOBRE UN CONDUCTOR 109

 8.1 Introducción 109
 8.2. Variación temporal espacial 111

8.3. Ubicación de vientres y nodos 114
8.4 PREGUNTAS DE REPASO/EXAMEN 116

DIAGRAMA DE CRANK 117

9.1. DEFINICIÓN 117
9.2. CONCEPTO 117
9.3 PLANILLA DE CÁLCULO 122
9.4 PREGUNTAS DE REPASO/EXAMEN 123

CARTA CIRCULAR (ÁBACO DE SMITH) 125

10.1. DEFINICIÓN 125
10.2. ECUACIONES PARA LA CONSTRUCCIÓN DE LA CARTA CIRCULAR 127
10.3 CONSTRUCCIÓN DE LA CARTA CIRCULAR 129
10.4 COORDENADAS DE LA INPEDANCIA NORMALIZADA 132
10.5 COORDENADAS DE LA ADMITANCIA NORMALIZADA 133
10.6 COEFICIENTE DE REFLEXIÓN: Γ 134
10.7 LONGITUD DE ONDA 137
10.8 RELACIÓN DE ONDA ESTACIONARIA 139

INCIDENCIA OBLICUA SOBRE UN CONDUCTOR 143

11.1. INTRODUCCION 143
1º caso: "E" perpendicular al plano de incidencia. 144
2º caso: "E" paralelo al plano de incidencia. 144
11.2. PRINCIPIO 145
11.3. ANALISIS GRAFICO 147

GUÍA DE ONDA 151

12.1. DEFINICIÓN 151
12.2. MODOS DE PROPAGACIÓN 151
12.2.1 Definición 151
12.2.2. Modo transversal eléctrico (TE) 152
12.2.3. Modo transversal magnético (TM) 152
12.3. COMPONENTES ESPACIALES DE "E" Y DE "H" 152
12.4. MODOS DE PROPAGACIÓN "TM" 158
12.5. MODOS DE PROPAGACIÓN "TE" 163
12.6. FRECUENCIA DE CORTE (F_K) 167
12.7. NOMENCLATURA DE LOS MODOS DE PROPAGACIÓN 168
12.8. FORMAS DE EXCITACIÓN DE UNA GUIA DE ONDA 169
a) por campo eléctrico 170
b) por campo magnético: 170

LÍNEAS DE TRANSMISIÓN 171

13.1. PRINCIPIO 171
13.2. DEFINICIÓN 171
13.3. GENERACIÓN DE UNA *LTx* 172
13.4. TIPOS DE LTx 174

- 13.5. PARÁMETROS DE UNA LTx 175
  - *13.5.1 Parámetros concentrados* *175*
  - *13.5.2 Parámetros distribuidos* *176*
- 13.6. CUADRIPOLO BÁSICO DE UNA *LTx* 177
- 13.7. CUADRIPOLO EQUIVALENTE DE UNA *LTx* 178
- 13.8. TIEMPO DE RETARDO EN UNA *LTx*: *TR* 179
- 13.9. IMPEDANCIA CARACTERÍSTICA DE UNA *LTx*: Z_0 181
  - *13.9.1. Definición de Z_0* *181*
  - *13.9.2 Cálculo de Z_0.* *181*
- 13.10. ECUACIONES DIFERENCIALES DE UNA *LTx* 182
- 13.11. DETERMINACIÓN DE LA Z_0 DE UNA *LTx* 184
- 13.12. LÍNEA DE TRANSMISIÓN BIFILAR ABIERTA (DE CONDUCTORES PARALELOS) 187
- 13.13. LÍNEA DE TRANSMISIÓN COAXIL 189
  - *13.13.1. Concepto* *189*
  - *13.13.2 Tipos de cable coaxil* *190*
  - *13.13.3 Impedancia característica Z_0* *190*
  - *13.13.4. Parámetros de un cable coaxil* *191*
  - *13.13.5. Elección del cable coaxil* *192*
  - *13.13.6. Constantes de un cable coaxil* *193*

ADAPTACION DE LINEAS DE TRANSMISION **195**

- 14.1 INTRODUCCIÓN 195
- 14.2 CONCEPTO DE DESADAPTACIÓN 198
- 14.3 TEOREMA DE LA MÁXIMA TRANSFERENCIA DE ENERGÍA 199
  - *14.3.1 Primer caso: Carga RL variable* *199*
  - *14.3.2 Segundo caso: Impedancia variable con R y X variables* *200*
  - *14.3.1 Tercer caso: ZL con R variable y X fija* *201*
- 14.4 TRANSFORMADOR DE LÍNEA 201
- 14.5 TRANSFORMADOR DE CUARTO DE ONDA 203
- 14.6 MÉTODOS DE ANALISIS 206
  - *14.6.1 Adaptación en paralelo con un Stub* *206*
  - *14.6.2 Adaptación con 2 Stubs* *208*

RADIACION **213**

- 15.1 INTRODUCCIÓN 213
- 15.2 RADIACIÓN DE UN DIPOLO ELEMENTAL 216
- 15.3 DETERMINACIÓN DE LOS CAMPOS "E" Y "H" 216

ANTENAS **223**

- 16.1 NATURALEZA DE LA RADIACIÓN ELECTROMAGNÉTICA: 223
- 16.2 CONSTANTES DEL ESPACIO 224
- 16.3 DIPOLO ELEMENTAL 224
- 16.4 DIPOLO DE HERTZ 226
- 16.5 EQUIVALENTE ELÉCTRICO DE UNA ANTENA 227
- 16.6 FUNCIONES PRIMORDIALES DE LA ANTENA 228

- 16.6.1 Convierte la energía eléctrica procedente de un generador en energía electromagnética que se propaga libremente en el espacio. 228
- 16.6.2 Adapta la impedancia interna del generador a la impedancia del espacio. 228
- 16.7 PARÁMETROS DE UNA ANTENA 228
  - 16.7.1 Impedancia característica(Z_0) 228
  - 10.7.2 Resistencia de radiación 228
  - 16.7.3 Resistencia de pérdida 229
  - 17.7.4 Resistencia activa total 230
  - 16.7.5 Rendimiento total 230
  - 16.7.6 Directividad 230
  - 16.7.7 Impedancia de entrada 230
  - 16.7.8 Altura o Longitud efectiva 232
  - 16.7.9 Longitud eléctrica 232
  - 16.7.10 Q y ancho de banda 233
- 16.8 DISTRIBUCIÓN DE TENSIÓN Y CORRIENTE EN UN DIPOLO 233
- 16.9 DIPOLO PLEGADO 234
- 16.10 ELEMENTOS PARÁSITOS (PASIVOS) 235
- 16.11 YAGI 236

FIBRAS OPTICAS 239

- 17.1. INTRODUCCIÓN 239
- 17. 2. HISTORIA 239
- 17. 3. CARACTERÍSTICAS DE LA FO 240
- 17. 4. VENTAJAS DE LA FO 240
- 17. 5. DEFINICIÓN 242
- 17. 6. PRINCIPIO 242
- 17. 7. PARÁMETROS 243
  - 17. 7.1 Apertura Numérica (AN) 244
  - 17. 7.2 Atenuación 245
  - 17. 7.3 Ancho de banda 246
- 17. 8. MODOS DE PROPAGACIÓN (MP) 246
- 17. 9. CLASIFICACIÓN 247
  - 17.9.1 Según el modo de propagación en el núcleo 247
  - 17.9.2 Según la variación del índice de refracción del núcleo 248
  - 17.9.3 Según la longitud de onda de transmisión 248
- 17.10. DIMENSIONES DE LAS FO 249
- 17.11. DISPOSITIVOS 250
  - 17.11.1 Transmisor óptico 250
  - 17.11.2 Receptor óptico 250
- 17.12. ENLACE CON FO 251
  - 17.12.1 Sistema básico 251
  - 17.12.2 Sistema completo 252
  - 17.12.3 Enlace telefónico 252
  - 17.12.4 Enlace de TV 253
  - 17.12.5 Transmisión de datos 253
- 17.13. CODIFICACIÓN 253

- 17.14. TRANSMISION POR FO 254
  - *17.14.1 Analógica* 254
  - *17.14.2 Digital* 254
- 17.15. CAPACIDAD DE TRANSMISIÓN DE UNA FO 255
- 17.16. EMPALMES 255
- 17.17. PÉRDIDAS 255
  - *17.17.1 Introducción* 255
  - *17.17.2 Pérdidas por dispersión* 256
- 17.18. PROTECCIÓN 257
  - *17.18.1 Protección adherente* 257
  - *17.18.2 Protección suelta* 258
- 17.19. MEDICIONES 258
  - *17.19.1 Característica de transferencia* 258
  - *17.19.2 Atenuación* 259
- 17.20. ACTUALIDAD Y FUTURO 260
- 17.21. PROBLEMAS 262
- 17.22. PREGUNTAS DE REPASO/EXAMEN 263

"UNA DOCENA DE PROBLEMAS DE EXÁMENES PARCIAL Y FINAL 265

- EXAMEN 1 266
- EXAMEN 2 267
- EXAMEN 3 269
- EXAMEN 4 270
- EXAMEN 5 271
- EXAMEN 6 272
  - *# Tema 1: Adaptación de líneas de transmisión* 272
  - *# Tema B: Guías de ondas* 272
- EXAMEN 7 274
- EXAMEN 8 275
- EXAMEN 9 276
- EXAMEN 10 277
- EXAMEN 11 278
- EXAMEN 12 279

ALGUNAS PREGUNTAS DE EXAMEN 281

- TEMAS DE LA 3ª FECHA DEL TURNO MARZO 2009 (23/2/09) 281

BIBLIOGRAFÍA 285

PRÓLOGO

La cátedra "MEDIOS DE ENLACE" surge cuando, ante la necesidad de actualizar planes de estudio de la carrera de Ingeniería Electrónica de la UTN Facultad Regional Córdoba, se fusionaron las asignaturas dictadas por el Ing. Regino Maders "Electromagnetismo" (5º año) y "Propagación y antenas" (6º año).

Cuando la cátedra "MEDIOS DE ENLACE" se concursa, el Ing. Maders (en ese momento también Decano de nuestra UTN FRC) gana el grado académico de Profesor Titular, cargo que ejerce hasta su muerte (6-SET-1991). En dicho primer concurso de la cátedra, tuve el orgullo de poder acompañarlo por haber logrado ganar el grado académico de Profesor Adjunto.

Mi experiencia empresarial me hizo plantear desde un primer momento, la necesidad de encarar el dictado de la asignatura con una visión práctica que le permitiese al Alumno, conocer el tema teórico junto con los elementos que le faciliten lograr su inmediata aplicación práctica. Al Alumno, este aspecto le será necesario conocer cuando aplique sus conocimientos en cualquier ámbito laboral (sea de manera privada o no, en relación de dependencia o de forma independiente).

Esta es la génesis de este texto, orientado principalmente a los Alumnos de la cátedra "MEDIOS DE ENLACE" de la carrera de Ingeniería Electrónica de la UTN FRC, con especial afecto para los Alumnos de la división 3R1 (curso a mi cargo) y con una simple pretensión: facilitarles a todos ellos su tránsito por la cátedra.

Sin embargo, como la obra pretende ser de utilidad inicial también para quien quiera conocer diferentes temas del área de las comunicaciones, se incluyen diversos anexos, algunos de los cuales ya fueron publicados en mi obra anterior "MICROONDAS: CONCEPTOS Y APLICACIONES" (Editorial Universitas – Córdoba). Estos anexos se consideran útiles para complementar "**un enfoque práctico**" del texto.

===

Mayo.2019

Capítulo 1

ESPECTRO ELECTROMAGNÉTICO

1.1. DEFINICIÓN

Conjunto de ondas electromagnéticas que se propagan por el espacio sin guía artificial y cuyas frecuencias se fijan convencionalmente por debajo de 3 *THz*. (3×10^{12} Hz = 3.000 GHz)

1.2. CARACTERÍSTICAS

a) *Recurso que se utiliza y no se consume* $\Rightarrow$ no se gasta.
b) *Recurso que se desperdicia si no se usa* $\Rightarrow$ desaprovechable
c) *Recurso que tiene dimensiones de espacio, tiempo y frecuencia.*
d) *Recurso internacional disponible para todos.*
e) *Recurso sujeto a contaminación* $\Rightarrow$ ruido natural y artificial.

Conclusión ➡  *RECURSO NATURAL LIMITADO*

1.3. SISTEMA DE COMUNICACIONES

1.3.1. Concepto básico

El principio básico de un sistema de comunicaciones es el de transportar una información de un punto (***fuente***) a otro (***destino***) por medio de un ***canal de transmisión***, también llamado medio de enlace.

El esquema básico de un sistema de comunicaciones es:

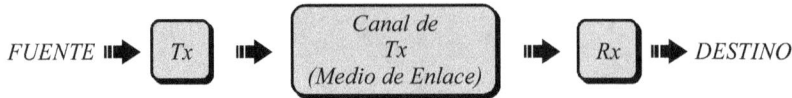

1.3.2. Sistema completo

Considerando todos los pasos y elementos involucrados en el tratamiento de las señales, se da origen al sistema de comunicaciones completo.

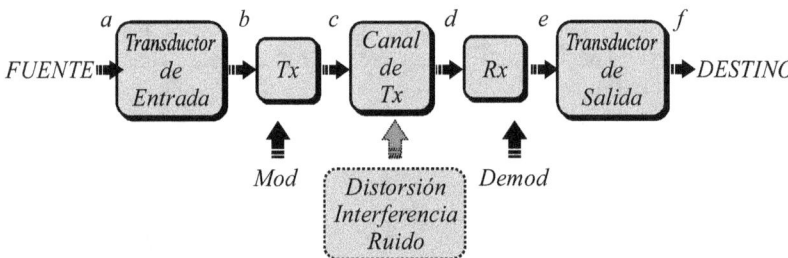

a) **MENSAJE DE ENTRADA**: Es la información que se desea enviar desde la *FUENTE*. Puede ser una imagen, audio o un parámetro físico (temperatura, presión, etc.).
b) **SEÑAL DE ENTRADA**: El mensaje de entrada (señal física) es convertido a los parámetros de señal factibles de ser manejados por el *transmisor*. El sistema transductor puede ser un parlante, una cámara de TV, un sensor eléctrico, etc.
c) **SEÑAL TRANSMITIDA**: Es la señal efectivamente enviada al canal de transmisión. El proceso de transmisión incluye la *modulación* de la señal a transmitir. Esta transmisión puede ser realizada de diversas maneras: irradiación electromagnética en el espacio libre (antena), conducción eléctrica (cable bifilar o cable coaxial), conducción guiada por campos electromagnéticos (guía de onda) o conducción fotónica (fibra óptica).
d) **SEÑAL RECIBIDA**:

CAPITULO 1: Espectro Electromagnético

Es la señal disponible a la entrada del punto de ***DESTINO***. Esta señal se encuentra en el mismo formato físico que la señal transmitida y afectada de los fenómenos degradantes de su calidad de señal: distorsión, interferencia y ruido.

e) SEÑAL DE SALIDA: El sistema *receptor* procesa la señal recibida y la adecua a los parámetros del transductor de salida. Esto incluye la *demodulación*.

f) MENSAJE DE SALIDA: Es la información efectivamente entregada al punto de destino. El transductor de salida será del tipo de elemento a utilizar para la presentación de la información recibida (parlante, monitor de video, etc.).

En dicho sistema completo de comunicaciones y a los fines de simplificar el análisis del mismo, se asume que le corresponden al ***CANAL DE TRANSMISIÓN*** analizar las características de ***distorsión***, ***interferencia*** y ***ruido*** que sufre la señal en su camino entre la ***FUENTE*** y el ***DESTINO***.

Definimos:

- ***DISTORSION***: alteración espectral de la forma de onda originada en la ***FUENTE***. Este cambio se traduce en una variación espectral de la señal original, es decir, la aparición de componentes de frecuencia no existentes en la señal ***FUENTE***. No interviene en este parámetro, el concepto de atenuación.

- ***ATENUACIÓN***: Reducción o disminución de la amplitud o intensidad de una señal. No conlleva efectos distorsivos y se asume debida a la distancia existente entre los dos puntos a comunicar: ***FUENTE*** y ***DESTINO***.

- ***INTERFERENCIA***: Acción recíproca de las ondas de la cual puede resultar, bajo ciertas condiciones, un aumento, una disminución o una anulación del movimiento ondulatorio; es decir, producir una perturbación de la onda original.

- ***RUIDO***: Interferencia natural o artificial que afecta a un proceso de comunicación.

- ***MODULACIÓN***: Proceso de variación del valor de la amplitud, frecuencia o fase de una onda portadora (carrier) en función de otra señal de frecuencia más baja (modulante). Del resultado de este proceso, las frecuencias de banda base son trasladadas a valores de frecuencias superiores.

- **DEMODULACIÓN**: Proceso opuesto al de modulación.

1.4. MODOS DE COMUNICACIONES

Existen dos modos o maneras distintas de realizar una comunicación entre dos puntos, según sea el análisis de las direcciones y la simultaneidad de las comunicaciones.

Estos modos son:

- UNIDIRECCIONAL O SÍMPLEX;
- BIDIRECCIONAL O DÚPLEX.

1.4.1. Unidireccional o símplex

En este modo de transmisión, la vinculación entre dos puntos se realiza con una única frecuencia de trabajo y en una sola dirección.

Son ejemplos de este modo de comunicaciones los servicios de difusión públicos (por ejemplo, los canales de TV y emisoras de radio de AM y de FM).

1.4.2. Bidireccional o dúplex

La transmisión bidireccional entre dos puntos puede realizarse en forma simultánea o no. La diferencia entre uno y otro sistema, será la necesidad de contar con una o dos frecuencias de trabajo.

Si la vinculación se puede realizar al mismo tiempo, será full dúplex (son necesarias dos frecuencias de trabajo). Si no se puede realizar al mismo tiempo, será half dúplex (es necesaria una sola frecuencia).

A) HALF DÚPLEX

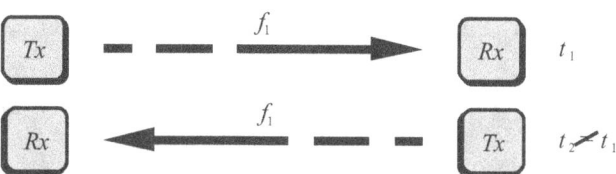

Son ejemplos de este tipo de transmisión las estaciones de radioaficionados (también llamados LU) y los transceptores de mano (handy) que se activan por el pulsado de la tecla PTT (push to talk). El sistema de antena es uno solo y se emplea tanto para la transmisión como para la recepción; no se puede utilizar simultáneamente como transmisor y como receptor, debido a que se produciría una realimentación en el mismo equipo a través de su propia antena.

B) FULL DÚPLEX

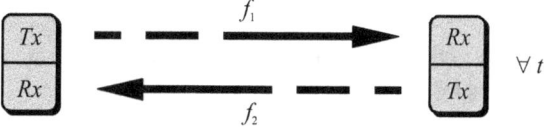

Ejemplos de esta modalidad son las comunicaciones telefónicas móviles.

1.5. CLASIFICACION DE LAS ONDAS ELECTROMAGNÉTICAS

Cuando una onda electromagnética (*OEM*) se propaga en el vacío, lo hace a la velocidad de la luz:

$$C = 3 \times 10^8 \ \frac{m}{s} = 300.000 \ \frac{Km}{s}$$

Al propagarse, se definen dos parámetros asociados a la *OEM*:

f: frecuencia $[Hz]$

λ: longitud de onda $\left[\dfrac{m}{ciclo}\right]$

La vinculación entre los tres parámetros de la *OEM* es:

$$C = \lambda \cdot f \left[\frac{m}{s}\right]$$

En función de estos dos parámetros (λ y f) se realiza la clasificación de las *OEM*:

- Según su longitud de onda λ
- Según su frecuencia f

1.5.1. Según su longitud de onda

Esta es una clasificación antigua y muy general, definida en los comienzos de las telecomunicaciones electrónicas.

No existían límites precisos para las frecuencias, por lo que se clasificaban según la longitud de onda en:

- ONDAS LARGAS
- ONDAS MEDIAS (se relacionaban con las emisoras de AM)
- ONDAS CORTAS (se relacionaban con las propagaciones ionosféricas)

1.5.2. Según su frecuencia

En Electrónica existe un valor clave de frecuencia que realiza una gran división para las señales utilizadas en Electrónica:

$f = 20\ KHz$

Su valor surgió de definir en forma general y decádica el límite superior del espectro extendido de audio frecuencia (20 *Hz* a 20 *KHz*), a pesar de que en muchos casos de sistemas de comunicaciones tomamos un rango menor para el valor de banda base del canal de voz (300 *Hz* a 3 *KHz*).

Este valor de frecuencia (20 *KHz*) se suele tomar como una primera división de las frecuencias y así lograr una clasificación en:

$f < 20\ KHz$ → AUDIOFRECUENCIAS

$f > 20\ KHz$ → RADIOFRECUENCIAS

CAPITULO 1: Espectro Electromagnético

Es necesario aclarar que dentro del rango de radiofrecuencias, existen varios tipos de rangos de frecuencia definidos de una manera general.

VIDEOFRECUENCIAS → 0 *Hz* a 10 *MHz*

MICROONDAS → 300 *MHz* a 300 *GHz*

1.6. BANDAS DE FRECUENCIAS

1.6.1. Ubicación en el espectro electromagnético

Toda señal electromagnética posee a la frecuencia f como uno de sus parámetros característicos.

Si bien por definición del espectro electromagnético (ver punto 1) se considera a toda frecuencia incluida por debajo de 3 *THz*, el valor inferior práctico se considera por encima de 3 *KHz*.

1.6.2. Normalización del espectro electromagnético

Existen organismos internacionales que han "normalizado" el espectro electromagnético, agrupando a las frecuencias en bandas decádicas.

Esta división decádica (segmento considerado con valores extremos múltiplos de diez) se hizo tomando a la frecuencia con un valor numérico entero.

Se consideró a la cifra número tres como valor de límite de banda de frecuencia, a los fines de lograr que la longitud de onda λ resulte con un valor numérico múltiplo del número uno (resultado de la división entre la velocidad de la luz y la frecuencia de la *OEM*). Este resultado de considerar límites de distancia con valores múltiplos enteros de la unidad, es coherente con nuestra simplificación de la consideración de medir el espacio.

N°	NOMBRE	BANDAS DEL ESPECTRO ELECTROMAGNÉTICO	
		FRECUENCIA f [Hz = Hertz]	**LONGITUD DE ONDA** λ [m/ciclo]
4	VLF	3 *K* - 30 *K*	100 *Km* - 10 *Km*
5	LF	30 *K* - 300 *K*	10 *Km* - 1 *Km*
6	MF	300 *K* - 3 *M*	1 *Km* - 100 *m*

7	HF	3 M - 30 M	100 m - 10 m
8	VHF	30 M - 300 M	10 m - 1 m
9	UHF	300 M - 3 G	1 m - 10 cm
10	SHF	3 G - 30 G	10 cm - 1 cm
11	EHF	30 G - 300 G	1 cm - 1 mm
12	THF	300 G - 3 T	1 mm - 0,1 mm

1.7. MODULACIONES

1.7.1. Definición

Como ya hemos visto en las definiciones iniciales, modulación es sinónimo de variación o cambio.

Existen tres tipos de modulaciones, según sea la combinación que exista entre las formas de onda (analógica o digital) de las señales portadora (señal que se utiliza para transportar la información que se quiere enviar → p. ej. un camión) y modulante o modulación (información que se quiere transportar → p. ej. lo que se coloca en la caja del camión a los fines de ser transportado):

- Analógicas.
- Digitales.
- Por pulsos.

1.7.2. Clasificación

TIPO DE MODULACIÓN	PORTADORA ωc	MODULANTE ωm
ANALOGICA	ANALÓGICA	ANALÓGICA
DIGITAL	ANALÓGICA	DIGITAL
POR PULSOS	DIGITAL	ANALÓGICA

ωc : frecuencia o pulsación angular de la señal portadora [rad/s]

ωm : frecuencia o pulsación angular de la señal modulante [rad/s]

c: carrier (*portadora*)

m: modulation (*modulante*)

1.7.3. Aplicaciones

a) MODULACIONES ANALÓGICAS

- **AM**: Amplitud Modulada
    - Doble banda lateral con portadora. P. ej.: emisoras de difusión pública de AM.
    - Doble banda lateral con portadora reducida.
    - Doble banda lateral con portadora suprimida.
    - Banda lateral vestigial. P. ej.: emisoras de difusión pública de TV analógica.
    - Banda lateral independiente
    - Banda lateral única (BLU). P. ej.: estaciones radioeléctricas de radioaficionados (LU´s).
- **FM**: Frecuencia Modulada.
    - P. ej.: emisoras de difusión pública de FM.
- **PM**: Fase Modulada

b) MODULACIONES DIGITALES

- **ASK**: Modulación digital por variación de amplitud
- **FSK**: Modulación digital por variación de frecuencia
- **PSK**: Modulación digital por variación de fase

c) POR PULSOS

- **PAM**: modulación de pulsos por amplitud
- **PDM**: modulación de pulsos por duración
- **PPM**: modulación de pulsos por posición
- **PCM**: modulación de pulsos por codificación
- **Delta**
  Delta sigma

1.8. IRRADIACIÓN

Para irradiar una señal electromagnética, utilizamos una antena.

Como toda antena equivale electrónicamente a un circuito sintonizado ($R - L - C$), deberá ser excitada con señales del tipo sinusoidal (sinusoidal = senoidal y cosenoidal).

$$Sinusoidal \begin{cases} Senoidal & \begin{cases} y = + \operatorname{sen} \omega t \\ y = - \operatorname{sen} \omega t \end{cases} \\ Cosenoidal & \begin{cases} y = + \cos \omega t \\ y = - \cos \omega t \end{cases} \end{cases}$$

Esto es a los fines de lograr buenos rendimientos de irradiación (por esta causa es que no se excita una antena con una señal cuadrada).

Como la señal a irradiar solamente puede ser del tipo analógica (independientemente de la manera en que haya sido modulada), habrá solamente dos tipos de irradiaciones:

- IRRADIACIÓN ANALÓGICA
- IRRADIACIÓN DIGITAL

1.8.1. Irradiación analógica

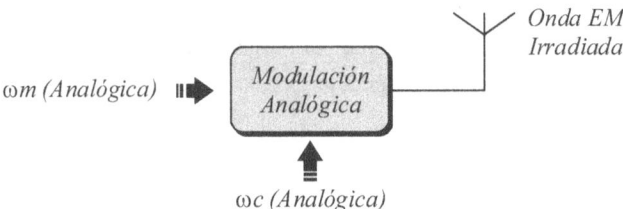

1.8.2. Irradiación digital

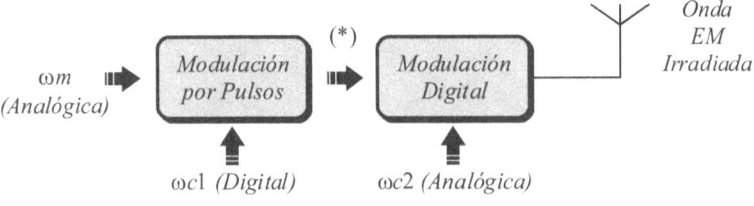

(*) Acá se tendrá una señal digitalizada ω m 2.

1.9. PROPAGACIÓN DE UNA ONDA ELECTROMAGNÉTICA

1.9.1. Generalidades

Una *OEM* irradiada por una antena, tiene múltiples posibilidades de propagarse, modalidades que pueden aparecer juntas o separadas.

Ello depende, entre otros factores, de:

- FRECUENCIA DE TRANSMISION.
- CARACTERÍSTICAS DEL TERRENO.
- CONDICIONES ATMOSFÉRICAS.
- CONDICIONES IONOSFÉRICAS.
- ETC.

Existen seis formas básicas de propagación de una *OEM*. Estas formas básicas dan luego origen a los tres modos compuestos de propagación.

1.9.2. Formas básicas

a) DIRECTA.
b) REFLEXIÓN IONOSFÉRICA.
c) REFRACCIÓN TROPOSFÉRICA.
d) TERRESTRE.
e) REFLEXIÓN EN LA TIERRA.
f) MAGNETOIÓNICA O POR DUCTOS.

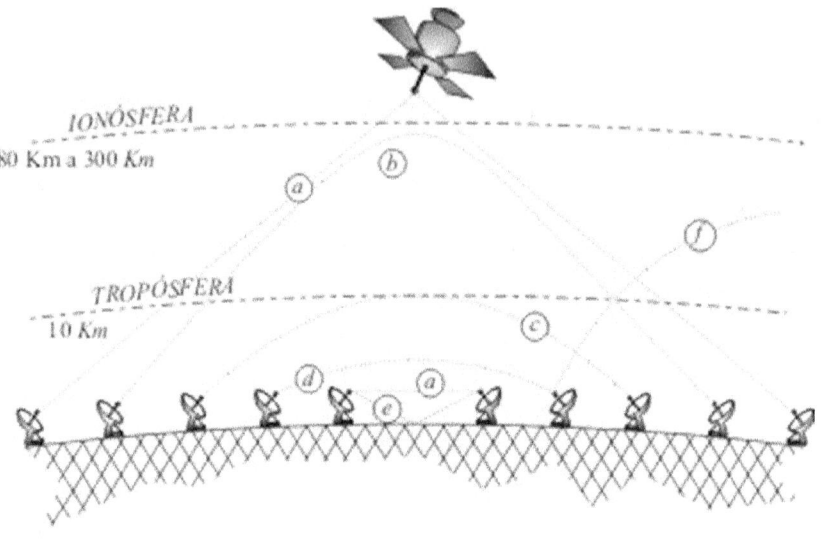

1.9.3. Modos compuestos

- TERRESTRE O SUPERFICIAL ⇒ $f < 3\ MHz$
- CELESTE O IONOSFÉRICA ⇒ $f > 3\ MHz$
  ⇒ $f < 30\ MHz$
- DIRECTA O ESPACIAL ⇒ $f > 30\ MHz$

1.10. SERVICIOS DE DIFUSIÓN PÚBLICA

1.10.1. *AM*

- Ubicación en frecuencia: $535\ KHz - 1.605\ KHz$
- Banda del espectro: N° 6 ⇒ MF
- Frecuencia máxima de modulación: $5\ KHz$
- Ancho de banda: $B = 10\ KHz$
- Tipo de modulación: AMPLITUD
- Tipo de transmisión: DOBLE BANDA LATERAL CON PORTADORA.

CAPITULO 1: Espectro Electromagnético

- Polarización: VERTICAL
- Potencia de transmisión (categoría A):
    - DIURNA $\Rightarrow$ 25 KW
    - NOCTURNA $\Rightarrow$ 5 KW

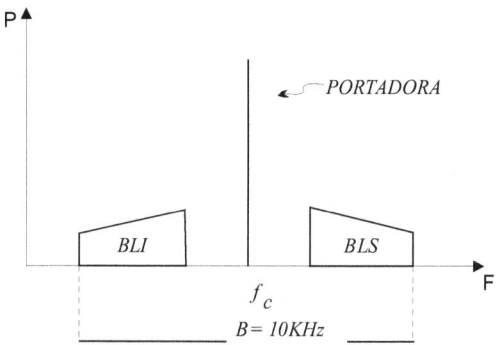

BLI: Banda Lateral Inferior
BLS: Banda Lateral Superior

1.10.2. *FM*

- Ubicación en frecuencia: 88 MHz – 108 MHz
- Banda del espectro: N° 8 $\Rightarrow$ VHF
- Frecuencia máxima de modulación: 15 KHz
- Ancho de banda: $B = 200\ KHz$
- Tipo de modulación: FRECUENCIA
- Polarización:
    - LINEAL
    - CIRCULAR

1.10.3. *TV ANALÓGICA*

- Ubicación en frecuencia:

A) VHF

    BANDA BAJA: $\Rightarrow$ CANALES   (54 MHz a 72

$$\Rightarrow \quad \begin{array}{ll} 2-3-4 & \textit{MHz}) \\ \text{CANALES} & (76\ \textit{MHz}\ a\ 88 \\ 5-6 & \textit{MHz}) \end{array}$$

BANDA ALTA: $\Rightarrow$ CANALES 7 al 13 (174 *MHz* a 216 *MHz*)

B) UHF

UHF $\Rightarrow$ CANALES 14 al 69 (470 *MHz* a 806 *MHz*)

- Banda del espectro: N° 8 y 9 $\Rightarrow$ VHF y UHF
- Ancho de banda: $B = 6\ MHz$
- Tipos de modulación:
    - VIDEO: AMPLITUD
    - SONIDO: FRECUENCIA
- Tipo de transmisión: BANDA LATERAL VESTIGIAL.
- Polarización:
    - LINEAL
    - CIRCULAR
- Normas de TV color:
    - PAL $\Rightarrow$ Argentina: norma N (*fsc*: 3,58205625 *MHz*)
    - NTSC
    - SECAM
- Banda Base

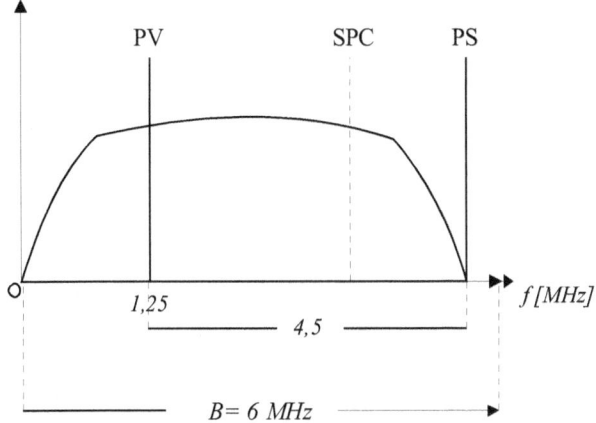

1.11. PROBLEMAS

1) ¿Cuántas estaciones se podrían ubicar de manera adyacente (una al lado de la otra) en el espectro electromagnético para el servicio de radiodifusión de AM?
   a) 30
   b) 53
   c) 106
   d) 107
   e) ninguna de los anteriores

2) ¿Cuántas estaciones se podría ubicar de manera adyacente (una al lado de la otra) en el espectro electromagnético para el servicio de radiodifusión de FM?
   a) 100
   b) 50
   c) 99
   d) 65
   e) ninguna de los anteriores

3) El ancho de banda que ocupa una emisora de radiodifusión de AM es directamente proporcional a la máxima frecuencia de modulación presente. Si se quisiera transmitir una señal de audio de 15 KHz (la utilizada en FM), ¿cuál sería el ancho de banda que ocuparía cada emisora en el espectro electromagnético?
   a) 10 KHz
   b) 15 KHz
   c) 30 KHz
   d) 60 KHz
   e) ninguna de los anteriores

4) Si se planteara la posibilidad de que las emisoras de AM tuvieran el ancho de banda calculado en el Problema 3, ¿cuántas estaciones se podrían ubicar de manera adyacente (una al lado de la otra) en el espectro electromagnético?
   a) 25
   b) 35
   c) 36
   d) 71
   e) ninguna de los anteriores

5) Enunciar las emisoras de radiodifusión de AM de la ciudad de Córdoba, indicando: a) nombre de la emisora; b) frecuencia de transmisión; c) número y nombre de la banda del espectro electromagnético en que se ubican; d) forma de propagación.

6) Enunciar las emisoras de radiodifusión de FM de la ciudad de Córdoba, indicando: a) nombre de la emisora; b) frecuencia de transmisión; c) número y nombre de la banda del espectro electromagnético en que se ubican; d) forma de propagación.

7) Enunciar los canales de televisión abierta de la ciudad de Córdoba, indicando: a) número asignado al canal; b) frecuencia de portadora de video; c) frecuencia de portadora de sonido; d) frecuencia de sub-portadora de crominancia; c) número y nombre de la banda del espectro electromagnético en que se ubican; d) forma de propagación.

8) Indicar los límites de frecuencia asignados en el espectro electromagnético a:
   a) AM: "Cadena 3" → fc = 700 KHz
   b) FM: "UTN FRC" → fc = 94,3 MHz
   c) TV: Canal 10

CAPITULO 1: Espectro Electromagnético

1.12. PREGUNTAS DE REPASO/EXAMEN

1) Una señal electromagnética irradiada en la banda de frecuencia de las microondas (300 *MHz* a 300 G*Hz*) se propaga:

   a) reflejándose en la ionósfera.
   b) en línea recta.
   c) sigue la curvatura de la tierra.
   d) no sigue un patrón determinado.

2) La banda de frecuencia del espectro electromagnético que se refleja en la ionósfera es:

   a) VLF
   b) UHF
   c) MF
   d) ninguna de las anteriores.

3) Las emisoras de radiodifusión de AM se ubican en la banda de frecuencia MF porque:

   a) su señal se propaga en línea recta sin posibilidad de curvarse.
   b) pueden lograr un mayor alcance dado que sufren difracciones que curvan la señal hacia la tierra.
   c) no transmiten una señal en estéreo.

4) Los canales de TV analógica tienen un ancho de banda base de:

   a) 3 *KHz*
   b) 60 *KHz*
   c) 6 *MHz*
   d) 60 *MHz*
   e) varía para cada estación.

5) La principal característica de propagación en el espacio de una señal de radiodifusión de FM es:

   a) directa o espacial.
   b) celeste o ionosférica.
   c) terrestre o superficial.
   d) ninguna de las anteriores.
   e) todas las anteriores.

6) Los modos básicos de propagación de una onda electromagnética en el espacio, son:

   a) 2
   b) 3
   c) 4
   d) 5
   e) 6

7) ¿Por qué no se utiliza una señal de modulación por pulsos para ser irradiada de manera directa?

   a) son muy afectadas por el ruido natural.
   b) usarían tecnologías muy caras.
   c) una señal por pulsos tiene infinitas componentes por serie de Fourier, lo que determinaría un rendimiento diferente para cada componente y una mala eficiencia de irradiación por la antena.
   d) ninguna de las anteriores.
   e) todas las anteriores.

8) El espacio libre se puede considerar una línea de transmisión:

   a) sólo cuando no llueve.
   b) siempre.
   c) únicamente para las señales ionosféricas.
   d) depende de la temperatura del medio.
   e) nunca.

9) ¿Por qué la banda de los canales analógicos de TV no se asignaron en

frecuencias más bajas en el espectro electromagnético?

a) llenarían el espectro y entrarían menos cantidad de canales de TV.
b) el sonido se transmite en FM.
c) el video se transmite en AM.
d) la señal de color sería monocromática.
e) ninguna de las anteriores.

10) ¿Por qué es necesario el proceso de modulación en las comunicaciones radioeléctricas?

Capítulo 2

ECUACIONES DE MAXWELL

2.1. CAMPOS ELÉCTRICOS Y MAGNÉTICOS ESTÁTICOS

2.1.1. Ley de Ohm puntual

Relaciona las cargas eléctricas, el medio conductor y el campo eléctrico E.

$$J = \sigma E$$

donde:

J: densidad de corriente $[A/m^2]$

σ: conductividad eléctrica $[\dfrac{m}{\Omega.mm^2}]$

E: campo eléctrico $[V/m]$

2.1.2. Relación de continuidad

$$\nabla \times J = -\frac{\delta \rho}{\delta t}$$

donde:

J: densidad de corriente $[A/m^2]$

ρ: densidad de carga volumétrica $[C/m^3]$

2.1.3. Relaciones de fuerza

Es la fuerza que se ejerce sobre una partícula eléctrica en un campo estático.

$$F = \frac{1}{4\pi\varepsilon} \times \frac{Q_1 Q_2}{r^2} = Q \times E$$

$$dF = I\,dl \times B$$

donde:

F : fuerza eléctrica [N: *Newton*]

ε : constante dieléctrica absoluta o permitividad del medio $[F/m]$

$\varepsilon_0 = 8{,}85 \times 10^{-12} = \dfrac{1}{4\pi \cdot 9 \cdot 10^9}$ permitividad eléctrica del vacío $[F/m]$

$\varepsilon_r = \dfrac{\varepsilon}{\varepsilon_0}$: permitividad relativa [*adimensional*]

Q_1, Q_2: carga eléctrica [C: *Coulomb*]

E: campo eléctrico $[V/m]$

$B = \dfrac{\phi}{S}$: inducción magnética o densidad de flujo magnético $\left[\dfrac{Wb}{m^2}\right]$

2.1.4. Campo electrostático [E]

$$E = \dfrac{1}{4\pi\varepsilon} \cdot \dfrac{Q}{r^2} = \dfrac{F}{Q}$$

Análisis dimensional:

$$\dfrac{N}{C} = \dfrac{V \cdot \dfrac{C}{m}}{C} = \dfrac{V}{m}$$

2.1.5. Relaciones

$D = \varepsilon\, E$

$B = \mu\, H$

donde:

CAPITULO 2: Ecuaciones de Maxwell

D:	densidad de campo eléctrico o vector desplazamiento eléctrico	$[C/m^2]$
E:	intensidad de campo eléctrico	$[V/m]$
B:	inducción magnética o densidad de flujo magnético	$[Wb/m^2]$
H:	intensidad de campo magnético	$[A/m]$
$\varepsilon = \varepsilon_o \varepsilon_r$:	constante dieléctrica absoluta o permitividad del medio	$[F/m]$
$\mu = \mu_o \mu_r$:	constante magnética absoluta o permeabilidad del medio	$[H/m]$
$\mu_o = 4\pi \times 10^{-7}$	permeabilidad magnética del vacío	$[H/m]$
$\mu_r = \mu/\mu_o$:	permeabilidad relativa	$[adimensional]$

2.2. LEYES DE ELECTROSTATICA Y DE MAGNETOSTATICA

2.2.1. Ley de Faraday

Trabajo eléctrico en un camino cerrado.

$$\oint E \, dL = 0$$

El trabajo eléctrico en un camino cerrado, es nulo.

Aplicando el teorema de Stokes:

$$\oint E \, dL = \int_S (\nabla \times E) \, dS = 0$$

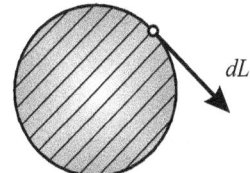

Por lo tanto:

$$\boxed{\nabla \times E = 0 \qquad [2\text{-}1]}$$

2.2.2. Ley de Gauss para el campo eléctrico

También se denomina generalización de la ley de Faraday.

Relaciona el flujo del campo eléctrico E en una superficie cerrada, con la carga eléctrica neta encerrada por dicha superficie.

Vincula la integral de la divergencia dentro de un volumen con la integral de superficie del vector campo eléctrico sobre la superficie que encierra el volumen considerado. Por lo tanto, da el valor de densidad volumétrica de carga dentro del volumen considerado.

Las líneas de fuerza de un campo eléctrico E que atraviesan una superficie cerrada, son proporcionales a la carga eléctrica "q" encerrada por esa superficie.

$$\int_S D \, dS = q$$

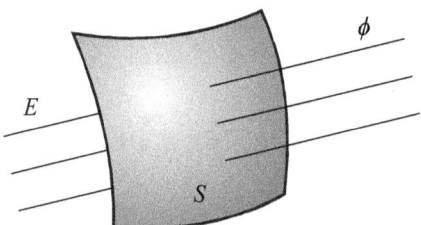

Aplicando el teorema de Green o teorema de la divergencia:

$$\int_S D \, dS = q = \int_V (\nabla \cdot D) \, dV = \int_V \rho \, dV$$

Por lo tanto:

$$\nabla \cdot D = \rho \qquad [2\text{-}2]$$

donde:

$$\rho = \frac{Q}{volumen} = densidad\ de\ carga\ volumétrica \ \left[\frac{C}{m^3}\right]$$

Es evidente que si la carga es nula, la divergencia es nula.

$Q = 0 \longrightarrow \nabla \cdot D = 0$

2.2.3. Ley de Ampere

Una corriente eléctrica que circula por un conductor, genera un campo magnético *H* a una distancia del conductor.

$$\oint H \, dL = I$$

donde:

    H: intensidad de campo magnético [A/m]
    L: distancia considerada perpendicular al conductor *[m]*
    I: intensidad de corriente eléctrica [A: *Amper*]

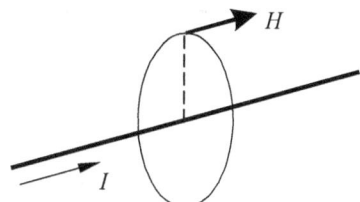

Aplicando del teorema de Stokes, se convierte una integral cerrada o de línea en una integral superficial.

$$\oint H \, dL = I = \oint_S (\nabla \times H) \, dS$$

Si se asume que por el conductor circula una densidad de corriente superficial *J*:

$$J = \frac{I}{S} \quad \Rightarrow \quad I = J \cdot S \quad \Rightarrow \quad \int_S J \, dS = I$$

Por lo tanto:

$$\boxed{\nabla \times H = J} \qquad [2\text{-}3]$$

2.2.4. Ley de Gauss para el campo magnético

Relaciona el flujo del campo magnético H que atraviesa una superficie cerrada.

$$\int_S B \cdot dS = 0$$

Aplicando el teorema de la divergencia:

$$\int_S B \cdot dS = \int_V (\nabla \cdot B)\, dV = 0$$

Se deducen que no existen monopolos magnéticos, es decir que las líneas de fuerza magnéticas son cerradas (a diferencia de las líneas de fuerza eléctricas, que pueden ser abiertas).

Por lo tanto:

$$\boxed{\nabla \cdot B = 0 \qquad [2\text{-}4]}$$

2.2.5. Ecuación de continuidad

Analizando identidades vectoriales, se demuestra que:

$$\nabla \cdot (\nabla \times A) = 0$$

Por lo tanto:

$$\nabla \cdot (\nabla \times H) = 0$$

Pero como:

$$\nabla \times H = J$$

Resulta:

$$\boxed{\nabla \cdot J = 0 \qquad [2\text{-}5]}$$

Considerando la analogía con la primera ley de Kirchoff:

$$i_{ENT} = i_{SAL}$$

NOTA: Todo lo anterior es válido para cargas eléctricas en reposo y para campos magnéticos generados por corrientes constantes o continuas.

2.3. LEYES DE MAXWELL

2.3.1. Origen

Partimos de las ecuaciones que gobiernan los campos estáticos: cargas eléctricas en reposo y campos magnéticos debidos a corrientes continuas.

$$\nabla \times E = 0$$
$$\nabla \cdot D = 0$$
$$\nabla \times H = J$$
$$\nabla \cdot B = 0$$
$$\nabla \cdot J = 0$$

Maxwell lo que hace es afectar a esas expresiones al introducir campos variables.

2.3.2. Ley de Faraday

$$\oint E \, dL = -\frac{d\phi}{dt} = -\frac{d}{dt} \int_S B \, dS$$

El voltaje a lo largo de un circuito cerrado es igual a la variación del flujo en el tiempo.

Para variaciones en el tiempo y considerando fijo el circuito de integración:

$$\oint E \, dL = -\int_S \frac{dB}{dt} \, dS$$

Por teorema de Stokes:

$$\oint E \, dL = \int_S (\nabla \times E) \, dS = -\int_S \frac{dB}{dt} \, dS$$

Por lo tanto:

$$\nabla \times E = -\frac{dB}{dt} \qquad [2\text{-}6]$$

2.3.3. Ecuación de continuidad

Definiendo a la corriente como cargas en movimiento, a lo largo de un volumen cerrado, serán constantes.

$$q_{vol} = constante$$

Analizando el ingreso y la salida de ese volumen, el equilibrio determinará que las cargas entrantes y salientes, serán iguales.

$$q_{ent} = q_{sal}$$

El flujo de corriente es equivalente a la acumulación de cargas en las placas de un condensador.

$$\oint_S J \cdot dS = -\frac{d}{dt} \int_V \rho \, dV$$

Para una integral estacionaria:

$$\oint_S J \, dS = \int_V \frac{d\rho}{dt} \, dV$$

Aplicando divergencia:

$$\int (\nabla \cdot J) dV = - \int_V \frac{d\rho}{dt} \, dV$$

Por lo tanto:

$$\nabla \cdot J = -\frac{d\rho}{dt} \qquad [2\text{-}7]$$

Esta es la ecuación de continuidad para campos variables en el tiempo.

2.3.4. Ley de Ampere (incompatibilidad)

Para campos estables:

$$\nabla \cdot J = 0$$

Para campos variables:

$$\int_S D \, dS = \int_V \rho \, dV$$

CAPITULO 2: Ecuaciones de Maxwell

Por lo tanto:

$$\nabla \cdot D = \rho \qquad [2\text{-}8]$$

Analizando:

$$-\frac{d\rho}{dt} = \nabla \cdot J = -\frac{d}{dt}(\nabla \cdot D)$$

$$\nabla \cdot J + \frac{d}{dt}(\nabla \cdot D) = 0$$

$$\nabla \cdot \left(J + \frac{dD}{dt}\right) = 0$$

Aplicando el teorema de la divergencia:

$$\int_S \left(J + \frac{dD}{dt}\right) dS = 0$$

Tomando a $(J + dD/dt)$ como densidad total de corriente:

$$i_T = i_C + i_D$$

Analizando un condensador:

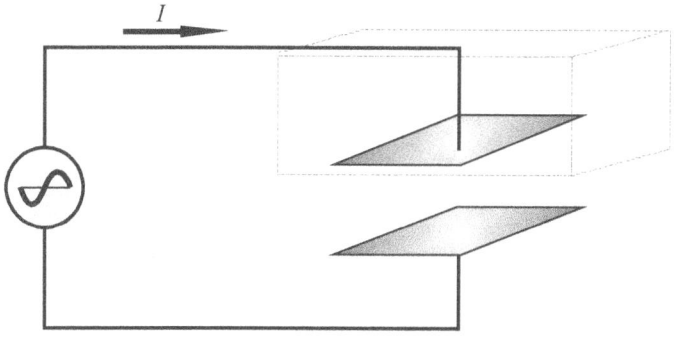

En el cubo analizado, la corriente de conducción es igual a la corriente de desplazamiento entre placas durante la carga o descarga del condensador.

Maxwell razonó que la corriente total debería sustituirse por J en la ley de Ampere

$$\oint H\, dL = \int_S \left(\frac{\delta D}{\delta t} + J \right) dS$$

$$\int_S (\nabla \times H)\, dS = \int_S \left(\frac{\delta D}{\delta t} + J \right) dS$$

$$\nabla \times H = J + \frac{\delta D}{\delta t} \qquad [2\text{-}9]$$

2.3.5. Resumen

Forma Diferencial	Forma Integral	Importancia
$\nabla \times E = -\dfrac{\partial B}{\partial t}$	$\oint_C E \cdot d\ell = -\dfrac{d\Phi}{dt}$	Ley de Faraday
$\nabla \times H = J + \dfrac{\partial D}{\partial t}$	$\oint_C H \cdot d\ell = I + \int_S \dfrac{\partial D}{\partial t}\, ds$	Ley circuital de Ampere
$\nabla \cdot D = \rho_v$	$\oint_S D \cdot ds = Q$	Ley de Gauss
$\nabla \cdot B = 0$	$\oint_S B \cdot ds = 0$	No hay carga magnética aislada

2.3.6 Teorías Físicas

A lo largo del desarrollo científico de la humanidad, en el campo de la Física existieron diversos hitos en el intento de lograr la unificación de las fuerzas de la naturaleza.

Su evolución debería permitir el desarrollo de la TOE (Theory of Everithing): Teoría de las Cosas.

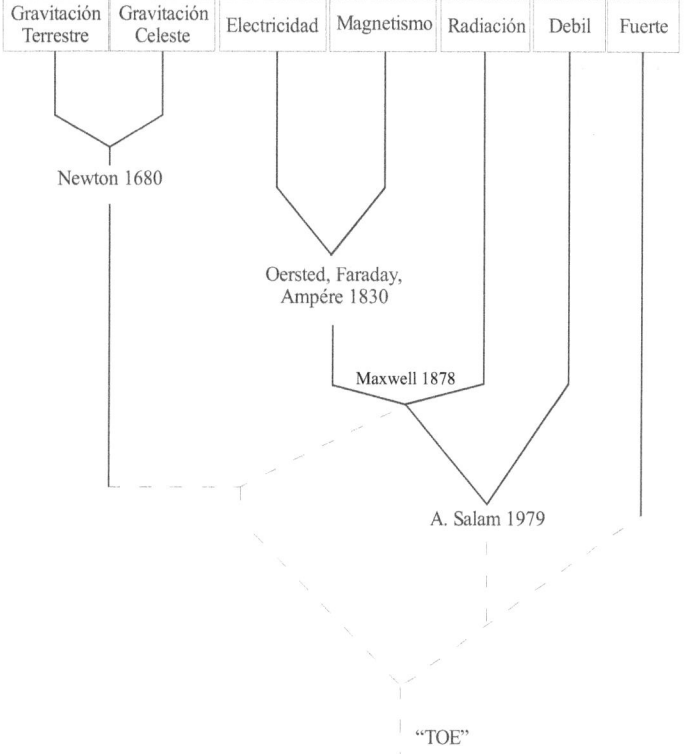

La Figura es un diagrama que muestra en una visión global las principales unificaciones de las teorías Físicas.

Las líneas punteadas se refieren a teorías aún no establecidas definitivamente.

En el gráfico se destaca la importancia de la unificación realizada por James Clark Maxwell.

2.4 PREGUNTAS DE REPASO/EXAMEN

1) ¿Por qué la Ley de Amper debe ser modificada?
2) ¿Cómo se llega a la generalización de la Ley de Amper?
3) ¿Qué aplicación tienen las leyes de Maxwell?
4) Las leyes de Maxwell, ¿sirven para analizar la radiación de una antena?
5) ¿A qué leyes hacen referencia las ecuaciones de Maxwell?
6) Relacionar las ecuaciones de Maxwell en su forma diferencial e integral (construir una tabla).

Capítulo 3

CONDICIONES DE CONTORNO

3.1. DEFINICIONES

3.1.1. Condiciones de contorno

Son los elementos que definen un comportamiento determinado para los componentes del campo eléctrico E y magnético H en la zona límite de separación de dos medios de características eléctricas y / o magnéticas de diferente valor.

3.1.2. Medio

Región del espacio de características eléctricas y magnéticas homogéneas y constantes, caracterizado por:

$\varepsilon_0 = 8,85 \times 10^{-12}$ $\left[\dfrac{F}{m}\right]$ Permitividad eléctrica delvacío

$\varepsilon \ [\dfrac{F}{m}]$ Permitividad eléctrica absoluta

$\varepsilon_r = \dfrac{\varepsilon}{\varepsilon_0}$ *[adimensionalidad]* Permitividad eléctrica relativa

$\mu_0 = 4\pi \times 10^{-7}$ $\dfrac{Wb}{A \cdot m}$ Permeabilidad magn. del vacío

$\mu \ [\dfrac{Wb}{A.m}]$ Permeabilidad magn. absoluta

$\mu_r = \dfrac{\mu}{\mu_0}$ *[adimensionalidad]* Permeabilidad magn. relativa

$$\sigma\left[\frac{m}{\Omega.mm^2}\right] \quad \text{Conductividad eléctrica}$$

3.1.3. Frontera

Región límite del espacio que separa a dos medios que presentan distintas características eléctricas y / o magnéticas.

3.2. CONDICIONES GENERALES

Las ecuaciones de Maxwell:

$$\nabla \times H = \dot{D} + J \qquad \oint H\, d\ell = \int (\dot{D} + J)\, ds \qquad D = \varepsilon\, E \qquad [3\text{-}1]$$

$$\nabla \times E = -\dot{B} \qquad \oint E\, d\ell = -\int \dot{B}\, ds \qquad J = \sigma\, E \qquad [3\text{-}2]$$

$$\nabla \cdot D = \rho \qquad \oint D\, ds = \int \rho\, dv \qquad B = \mu\, H \qquad [3\text{-}3]$$

$$\nabla \cdot B = \phi \qquad \oint B\, d\ell = \phi \qquad\qquad\qquad\qquad [3\text{-}4]$$

La ecuación de continuidad:

$$\nabla \cdot J = -\dot{\rho} \qquad \oint J\, ds = -\int \dot{\rho}\, dv$$

Las ecuaciones de Maxwell en su forma diferencial, dan la relación que debe existir entre los cuatro vectores E, D, H y B en todo punto de un medio continuo. Por contener derivadas espaciales, no dan información en puntos de discontinuidad del medio.

Sin embargo, en su forma integral, pueden emplearse siempre para determinar qué sucede en la superficie límite entre medios distintos.

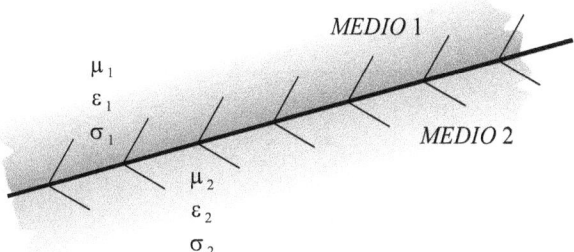

Figura 3-1

3.3. CAMPO ELÉCTRICO

Supongamos la superficie de discontinuidad formada por el plano $x = 0$

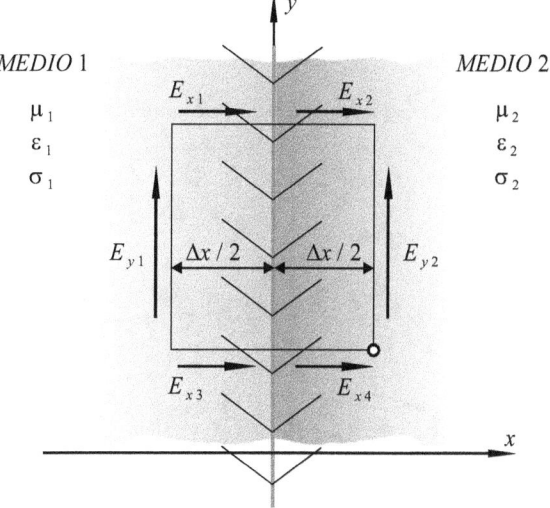

Figura 3-2

Aplicando la forma integral de la 2º ecuación de Maxwell el rectángulo de ancho Δx longitud Δy que encierra una pequeña porción de los medios (1) y (2), la circulación:

$$\oint E \, d\ell = -\int_S \dot{B} \, da$$

Para el rectángulo elemental:

$$E_{y2} \Delta_y - E_{x2} \frac{\Delta x}{2} - E_{x1} \frac{\Delta x}{2} - E_{y1} \Delta y + E_{x3} \frac{\Delta x}{2} + E_{x4} \frac{\Delta x}{2} =$$

$$= \dot{B}_z \Delta x \Delta y \qquad [3\text{-}5]$$

B_z es la densidad media de flujo magnético a través de $\overline{\Delta x \cdot \Delta y}$

Formando ahora una superficie diferencial alrededor de la línea divisoria, hacemos que el ancho Δx del rectángulo tienda a cero, pero mantenemos siempre la exigencia de la superficie de discontinuidad entre los lados del rectángulo.

$$E_{y2} \, dy - E_{x2} \frac{dx}{2} - E_{x1} \frac{dx}{2} - E_{y1} \, dy + E_{x3} \frac{dx}{2} + E_{x4} \frac{dx}{2} =$$

$$= - \dot{B}_z \, dx \, dy$$

La circulación es el producto escalar de la componente de campo por la del espacio, por lo que se debe considerar solamente la componente tangencial $(\cos 90° = \phi)$ de E en la dirección ds.

En el medio 1:

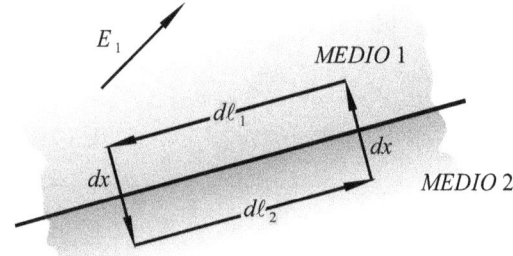

Figura 3-3

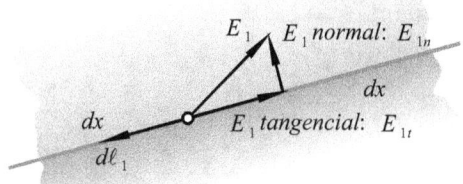

Figura 3-4

Si se supone que B es siempre finito, al tomar límites resulta que el 2º miembro de la ecuación (5) tenderá a cero:

$$\lim_{dx \to \phi} \left(E_{y2} \, dy - E_{x2} \frac{dx}{2} - E_{x1} \frac{dx}{2} - E_{y1} \, dy + E_{x3} \frac{dx}{2} + E_{x4} \frac{dx}{2} \right) =$$

$$= \lim_{dx \to \phi} \left(- \dot{B}_z \, dx \, dy \right)$$

Si también se supone que E es siempre finito, entonces los términos en $dx/2$ del 1º miembro, también se reducen a cero, con lo que:

$$E_{y2} \, dy - E_{y1} \, dy = 0$$

$$\left(E_{y2} - E_{y1} \right) dy = 0$$

$$\boxed{E_{y2} = E_{y1}}$$

La componente tangencial de E es continua en la superficie, es decir que es la misma en ambas caras de la superficie.

$$\boxed{E_{1t} = E_{2t}}$$

3.4. CAMPO MAGNÉTICO

3.4.1. Caso general

Aplicando la forma integral de la 1º ecuación de Maxwell:

$$\oint H \, ds = \int_S \left(\dot{D} + J\right) da$$

Para el rectángulo elemental:

$$H_{y2} \Delta y - H_{x2} \frac{\Delta x}{2} - H_{x1} \frac{\Delta x}{2} - H_{y1} \Delta y + H_{x3} \frac{\Delta x}{2} + H_{x4} \frac{\Delta x}{2} =$$

$$= \left(\dot{D}_z + J_z\right) \Delta x \Delta y$$

Si se toma límites en la superficie diferencial elemental

$$\lim_{dx \to \phi} \left(H_{y2} \, dy - H_{x2} \frac{dx}{2} - H_{x1} \frac{dx}{2} - H_{x1} \frac{dx}{2} - H_{y1} \, dy + H_{x3} \frac{dx}{2} + H_{x4} \frac{dx}{2} \right) =$$

$$= \lim_{dx \to \phi} \left(\dot{D}_z + J_z\right) dx \, dy \qquad [3\text{-}6]$$

3.4.2. Separación entre dos dieléctricos

Si la velocidad D del cambio de desplazamiento eléctrico y la densidad de corriente J se consideran ambas finitas:

$$H_{y2} \, dy - H_{y1} \, dy = 0$$

$$\left(H_{y2} - H_{y1}\right) dy = 0$$

$$\boxed{H_{y2} = H_{y1}}$$

La componente tangencial de H es continua en la superficie, es decir que es la misma en ambas caras de la superficie.

$$\boxed{H_{1t} = H_{2t}}$$

3.4.3. Separación entre un conductor perfecto y un dieléctrico

Un conductor perfecto es aquel en el que $\sigma = \infty$. Aquí la intensidad del campo eléctrico E es cero para cualquier densidad finita de corriente. La mayoría de los conductores reales tienen $\sigma \neq \infty$.

Sin embargo, la σ real puede ser muy grande y en muchos casos es útil suponerla ∞. Debido a su indeterminación, esto dificulta poder formular las condiciones de los límites.

La profundidad de penetración en un conductor del campo eléctrico alterno y la corriente producida por el campo, disminuyen al aumentar σ. De esta manera, en un buen conductor, la corriente de alta frecuencia circulará en una delgada lámina superficial, tendiendo a cero cuando σ tienda a infinito. Esto origina un concepto de CORRIENTE LAMINAR.

En una corriente laminar circula una corriente finita por unidad de ancho: $J_s \left[A/m^2 \right]$ con un espesor tendiente a cero, pero con una densidad J de corriente infinitamente grande, tal que:

$$\lim_{\Delta x \to \phi} J \Delta x = J_s \quad \left[A/m^2 \right]$$

Se tendrá un campo magnético tangencial, pero sobre el lado del dieléctrico.

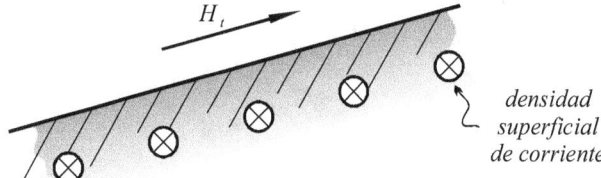

Figura 3-5

En el conductor no se tiene componente tangencial de campo magnético.

Si la densidad de corriente J_s se hace infinita cuando $\Delta x \to 0$, el 2º miembro de la ecuación [3-6] no será cero. Sean amperes por metro de corriente real por unidad de ancho que circule a lo largo de la superficie. Entonces cuando $\Delta x \to 0$ la ecuación [3-6] se convierte en:

$$H_{y2} \Delta y - H_{y1} \Delta y = J_{sz} \Delta y$$

$$(H_{y2} - H_{y1})\,\Delta y = J_{sz}\,\Delta y$$

$$H_{y1} = H_{y2} - J_{sz} \qquad [3\text{-}7]$$

$D = \varepsilon\,E$ permanece finita, por lo que $D_z\,\Delta x = 0$ para $\Delta x = 0$.

Sin embargo, si el campo eléctrico es cero dentro de un conductor perfecto, el campo magnético debe ser también cero (para campos alternos, como indica la segunda ecuación de Maxwell), por lo que en [3-7]:

$$H_{y1} = -J_{sz}$$

La corriente por unidad de ancho a lo largo de la superficie de un conductor perfecto es igual a la intensidad H de campo magnético justo en la cara exterior de la superficie.

El campo magnético y la corriente superficial serán paralelos a la superficie, aunque perpendiculares entre sí. En notación vectorial:

$$\overline{J}_s = \hat{n} \times \overline{H}$$

$\hat{n}$ es el vector unitario a lo largo de la normal saliente de la superficie.

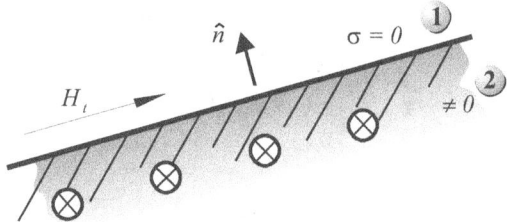

Figura 3-6

3.5. DESPLAZAMIENTO ELÉCTRICO

3.5.1. Separación entre dos dieléctricos

Aplicando la forma integral de la 3° ecuación de Maxwell del campo, resulta:

CAPITULO 3: Condiciones de Contorno

$$\oint_S D\,ds = \int_V \rho\,dv$$

Analizando la figura 3-7:

$$Dn_1\,ds - Dn_2\,ds + \psi_{canto} = \rho\Delta x\,ds \qquad [3\text{-}8]$$

ds: área de cada una de las caras planas del volumen considerado

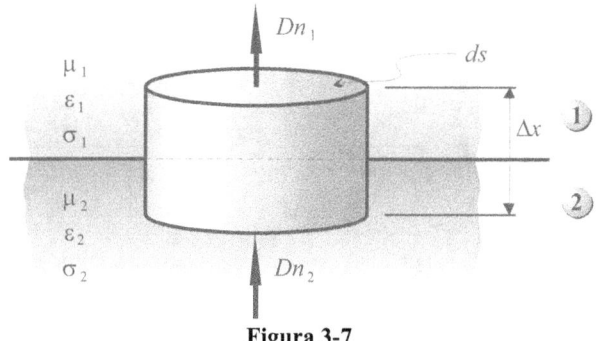

Figura 3-7

Δx: separación del volumen

ρ : densidad media de carga dentro del volumen $\Delta x\,da$.

Ψ canto: flujo eléctrico saliente a través de la superficie curva de la caja.

Cuando $\Delta x \to 0$, las superficies planas se van juntando, manteniendo entre ellas la superficie límite $\psi_{canto} \to 0$ para valores finitos de la densidad de desplazamiento. También para valores finitos de ρ, el segundo miembro de [3-8] tiende a cero y cuando $\Delta x \to 0$, se reduce a:

$$Dn_1\,ds - Dn_2\,ds = 0$$

Para el caso de ausencia de carga superficial, la condición de contorno de los componentes normales de D es:

$$\boxed{Dn_1 = Dn_2}$$

Si no hay carga superficial, la componente normal de D es continua a través de la superficie.

3.5.2. Separación entre un conductor perfecto y un dieléctrico

Se considera que la carga reside en la superficie del conductor. Si esta capa de carga superficial tiene una densidad de carga superficial ρ_S [C/m^2], la densidad de carga de la capa superficial será:

$$\rho = \frac{\rho_S}{\Delta x} \quad \left[\frac{C}{m^3}\right]$$

Δx : espesor de la capa superficial

Cuando $\Delta x \to 0$, $\rho \to \infty$, por lo que

$$\lim_{\Delta x \to \phi} \rho \, \Delta x = \rho_S$$

En la figura, si la carga superficial se mantiene siempre entre las dos caras planas de la caja cuando éstas se aproximan entre sí, el 2º miembro de [3-8] tiende a ρ_S, cuando $\Delta x \to 0$, por lo que:

$$Dn_1 - Dn_2 = \rho_S$$

Cuando hay una densidad de carga superficial ρ_S, la componente normal de la densidad de desplazamiento es discontinua a través de la superficie de un valor igual a la densidad de carga superficial.

En todo conductor metálico, la densidad de desplazamiento $D = \varepsilon E$ dentro del conductor será una cantidad muy pequeña (sería cero en el caso electrostático o en un conductor perfecto). Si el medio 2 es un conductor metálico:

$$Dn_1 = \rho_S$$

La componente normal de la densidad de desplazamiento en el dieléctrico, es igual a la densidad de carga superficial sobre el conductor.

3.6. DENSIDAD DE FLUJO MAGNÉTICO

Como no hay cargas magnéticas aisladas, un análisis similar se hace a partir de la 4º ecuación de Maxwell:

$$\oint B \cdot ds = \phi$$

Conduce a:

$$Bn_1 = Bn_2$$

La componente normal de la densidad de flujo magnético es siempre continua a través de la superficie límite.

3.7. CONCLUSIONES

a) La componente tangencial de E es continua en la superficie.

b) La componente tangencial de H es continua a través de una superficie, excepto en la superficie de un conductor perfecto. En la superficie de un conductor perfecto, la componente tangencial de H es discontinua en un valor igual a la corriente superficial por unidad de ancho.

c) La componente normal de D es continua si no hay densidad de carga superficial. De otra forma, D es discontinua en un valor igual a la densidad de carga superficial.

d) La componente normal de B es continua en la superficie de discontinuidad.

3.7.1. Resumen de las ecuaciones de Maxwell y las condiciones correspondientes de fronteras espaciales en una interacción.

Forma diferencial	Forma Integral	Condición correspondiente de frontera	
$\nabla \cdot D = \rho_v$	$\oint_S D \cdot ds = \int_V \rho_v \, dv$	\multicolumn{2}{c	}{$D_{n1} - D_{n2} = \rho_S$ ó}
		\multicolumn{2}{c	}{$n \cdot (D_1 - D_2) = \rho_S$}
		Caso A: σ_1, σ_2 cero $D_{n1} = D_{n2}$ [3-14]	Caso B: $\sigma_2 \to \infty$ $D_{n1} = \rho_S$ [3-23]
$\nabla \cdot B = 0$	$\oint_S B \cdot ds = 0$	\multicolumn{2}{c	}{$B_{n1} = B_{n2}$ ó $n(B_1 - B_2) = 0$ [3-27]}
$\nabla \times H = J \dfrac{\partial D}{\partial t}$	$\oint_\ell H \cdot d\ell = \int_S J \cdot ds + \dfrac{d}{dt}\int_S D$	\multicolumn{2}{c	}{$H_{t1} - H_{t2} = J_{S(n)}$ ó $n \times (H_1 - H_2) = J_L$}
		Caso A: σ_1, σ_2 finita $H_{t1} = H_{t2}$	Caso B: $\sigma_2 \to \infty$ $n \times H_1 = J_L$ [3-12]
$\nabla \times E = -\dfrac{\partial B}{\partial t}$	$\oint_\ell E \cdot d\ell = -\dfrac{d}{dt}\int_S B \cdot ds$	\multicolumn{2}{c	}{$E_{t1} = E_{t2}$ ó $n \times (E_1 - E_2) = 0$}

3.8 PREGUNTAS DE REPASO/EXAMEN

1) ¿Cómo define el término frontera entre dos medios?
2) ¿Con qué parámetros definimos a un medio homogéneo e isotrópico?
3) ¿A qué se denomina efecto "skin" o efecto pelicular?
4) ¿Cómo se calcula la SDA (skin depth area) o superficie de profundidad pelicular?
5) ¿Qué parámetros eléctricos intervienen en la SDA?
6) ¿En qué situación o situaciones de trabajo en Electrónica puede ser necesario considerar la acción del efecto pelicular?
7) Analizando la penetración de una onda electromagnética en un conductor, ¿cuándo se define que la misma se ha atenuado en el interior del conductor?
8) Indicar lo que sucede con las componentes normales de los campos eléctrico y magnético al atravesar la superficie de frontera.
9) Indicar lo que sucede con las componentes tangenciales de los campos eléctrico y magnético al atravesar la superficie de frontera.

Capítulo 4

ECUACIÓN DE ONDA ELECTROMAGNÉTICA

4.1. ECUACIÓN DE ONDA EN UN MEDIO HOMOGÉNEO. DEFINICIONES

4.1.1. Onda

Variación de un fenómeno en un lugar del espacio y que se reproduce en un tiempo posterior en otro lugar del espacio.

La función de onda es una función recurrente en el espacio en un punto; depende de dos cosas: tiempo y espacio.

4.1.2. Medio homogéneo

Los parámetros ε, σ, y μ permanecen constantes en todo el medio.

4.2. ECUACIÓN DE ONDA EN EL ESPACIO LIBRE

La resolución de cualquier problema electromagnético debe satisfacer simultáneamente las cuatro ecuaciones de Maxwell:

$$\nabla \times H = J + \dot{D} = j + \frac{\partial D}{\partial t} = \sigma E + \varepsilon \frac{\partial E}{\partial t} \qquad [4\text{-}1]$$

$$\nabla \times E = -\dot{B} = -\frac{\partial B}{\partial t} = -\mu \frac{\partial H}{\partial t} \qquad [4\text{-}2]$$

$$\nabla \cdot D = \rho \qquad [4\text{-}3]$$

$$\nabla \cdot B = \phi \qquad [4\text{-}4]$$

Operando en [4-1] y considerando que E varía armónicamente en el tiempo:

$$E \longrightarrow E\,e^{j\omega t}$$

$$\frac{\partial(\nabla \times H)}{\partial t} = \nabla \times \dot{H}$$

Como ε y μ no dependen del tiempo

$$\frac{\partial D}{\partial t} = \dot{D} = \varepsilon\,\frac{\partial E}{\partial t} = \varepsilon\,\dot{E}$$

$$\frac{\partial B}{\partial t} = \dot{B} = \mu\,\frac{\partial H}{\partial t} = \mu\,\dot{H}$$

Con lo que:

$$\nabla \times \dot{H} = \varepsilon\,\frac{\partial^2 E}{\partial t^2} = \varepsilon\,\ddot{E} \qquad [4\text{-}5]$$

Operando en [4-2]

$$\nabla \times \nabla \times E = -\mu\,\nabla \times \dot{H} \qquad [4\text{-}6]$$

Reemplazando [4-5] en [4-6]

$$\nabla \times \nabla \times E = -\mu\,\varepsilon\,\ddot{E} \qquad [4\text{-}7]$$

Recordando la identidad

$$\nabla \times \nabla \times A = \nabla(\nabla \cdot A) - \nabla^2 A \qquad [4\text{-}8]$$

Aplicando [4-8] en [4-7]

$$\nabla(\nabla \cdot E) - \nabla^2 E = -\mu\,\varepsilon\,\ddot{E} \qquad [4\text{-}9]$$

Como:

$$\nabla \cdot E = \frac{1}{\varepsilon}\,\nabla \cdot D = 0$$

Resulta:

$$\boxed{\nabla^2 E = \mu\,\varepsilon\,\ddot{E}} \qquad [4\text{-}10]$$

Haciendo lo mismo con H:

CAPITULO 4: Ecuación de onda Electromagnética

$$\nabla^2 H = \mu \varepsilon \ddot{H} \qquad [4\text{-}11]$$

A las ecuaciones [4-10] y [4-11] se les llama ECUACIÓN DE ONDA (EdO)
Aunque E y H obedecen a la misma ley, no son iguales.

4.3. PROPAGACIÓN DE ONDA PLANA

4.3.1. Generalidades

Si E y H se consideran independientes de 2 dimensiones (por ejemplo Y y Z):

$$\nabla^2 E = \frac{\partial^2 E}{\partial x^2}$$

Para una propagación plana y uniforme de una onda en una dimensión X, E puede tener componentes E_y y E_z pero no E_x.

Analizando uno de los componentes, por ejemplo E_y, resulta:

$$\frac{\partial^2 E_y}{\partial x^2} - \mu\varepsilon \frac{\partial^2 E_y}{\partial t^2} = 0$$

Ecuación diferencial de 2° orden cuya solución general es del tipo:

$$E = f_1(x - v_0 t) + f_2(x + v_0 t) \qquad [4\text{-}12]$$

$$v_0 = \frac{1}{\sqrt{\mu\varepsilon}}$$

Siendo f_1; f_2 funciones cualesquiera de $(x + v_0 t)$ y $(x - v_0 t)$

4.3.2. Sentido de propagación

Si se considera un instante dado $(t = t_1)$ la función $f(x - v_0 t_1)$ se convierte en una función de x, ya que $v_0 t_1$ es una constante).

En otro instante posterior $t + t_2$ se obtiene otra función de x con igual forma que la primera, salvo que está corrida a la derecha en una distancia:

$$v_0(t_2 - t_1) \quad \Rightarrow \quad \text{el fenómeno viajó en la dirección positiva de } x \text{ a una velocidad } v_0$$

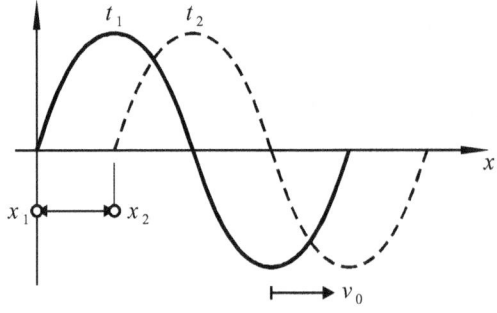

$$\omega t_1 - \beta x_1 = \omega t_2 - \beta x_2$$

Si $t_2 > t_1$; para mantener la igualdad deberá ser

$$x_2 > x_1$$

$$x_2 - x_1 = v_0(t_2 - t_1)$$

Si $f_2(x + v_0 t)$ es una onda viajera en la dirección negativa de x (hacia la izquierda), la solución general de la Ecuación de Onda (*EdO*) son dos ondas: una hacia la derecha (se aleja del generador) y otra hacia la izquierda (regresa al generador).

Si no hay superficie reflectora que rechace la onda hacia el generador, el 2º miembro de [4-12] es nulo con lo que:

$$E = f_1(x - v_0 t)$$

4.3.3. Ondas planas uniformes

Se define una *OPU* cuando depende del tiempo y de una única dimensión espacial (x) con lo que el campo (*E* ó *H*) es independiente de *y* y de *z*.

Este es el caso particular de propagación de una *OEM*.

CAPITULO 4: Ecuación de onda Electromagnética

La *EdO*:

$$\frac{\partial^2 E}{\partial x^2} = \mu\varepsilon \frac{\partial^2 E}{\partial t^2}$$

En función de los componentes de *E*:

$$\frac{\partial^2 E_x}{\partial x^2} = \mu\varepsilon \frac{\partial^2 E_x}{\partial t^2}$$

$$\frac{\partial^2 E_y}{\partial x^2} = \mu\varepsilon \frac{\partial^2 E_y}{\partial t^2}$$

$$\frac{\partial^2 E_z}{\partial x^2} = \mu\varepsilon \frac{\partial^2 E_z}{\partial t^2}$$

Si en una región del espacio no existe densidad de carga:

$$\nabla \cdot E = \frac{1}{\varepsilon} \nabla \cdot D = 0$$

Con lo que:

$$\frac{\partial E_x}{\partial x} + \frac{\partial E_y}{\partial y} + \frac{\partial E_z}{\partial z} = 0$$

Una *OPU* independiente de *y* y de *z*:

$$\frac{\partial E_x}{\partial x} = 0$$

No hay variación de E_x en la dirección $x \Rightarrow$ Una *OPU* que progresa su movimiento en la dirección *x* no tiene componentes de *E* en *x*.

Un análisis similar muestra que no hay componentes de *H* en $x \Rightarrow$ Las *OEM P* y *U* son transversales y sólo tienen componentes de *E* y de *H* según una dirección perpendicular a la de propagación.

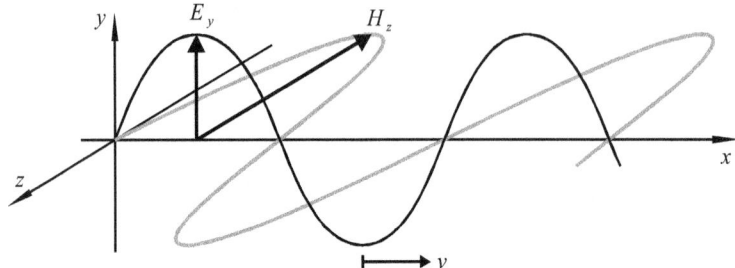

4.4. IMPEDANCIA INTRINSECA DEL MEDIO Z_{00}

4.4.1. Definición

La expresión de la *EdO* propagándose en el eje z tendrá una solución del tipo:

$$E_x = C_1 e^{\gamma z} + C_2 e^{-\gamma z}$$

Se define:

$$\gamma^2 = j\omega\mu(\sigma + j\omega\varepsilon)$$

$$\gamma = \sqrt{j\omega\mu(\sigma + j\omega\varepsilon)} = \alpha + j\beta$$

- γ: constante de propagación
- α: constante de atenuación (*Neper / m*)
- β: constante de fase (*rad / m*)

Si se considera un medio sin atenuación $(\alpha = 0)$

$$E_x = C_1 e^{j(\omega t + \beta z)} + C_2 e^{j(\omega t - \beta z)}$$

4.4.2. Determinación de su valor:

Si es un medio aislante

$$q = 0 \quad \Rightarrow \quad \begin{aligned} \nabla \cdot E &= 0 \\ \nabla \cdot H &= 0 \end{aligned}$$

Suponiendo que H no varía según x ni según y, se tiene:

CAPITULO 4: Ecuación de onda Electromagnética

$$\nabla \times H = \begin{vmatrix} \overline{i} & \overline{j} & \overline{k} \\ \dfrac{\partial}{\partial x} & \dfrac{\partial}{\partial y} & \dfrac{\partial}{\partial z} \\ H_x & H_y & H_z \end{vmatrix} =$$

$$= \left(\dfrac{\partial H_z}{\partial y} - \dfrac{\partial H_z}{\partial z} \right) \overline{i} + \left(\dfrac{\partial H_x}{\partial z} - \dfrac{\partial H_z}{\partial x} \right) \overline{j} + \left(\dfrac{\partial H_x}{\partial x} - \dfrac{\partial H_x}{\partial y} \right) \overline{k}$$

Multiplicando vectorialmente por $\overline{k}$

$$\nabla \times H \times \overline{k} = -\dfrac{\partial H_y}{\partial z} \overline{i} \times \overline{k} + \dfrac{\partial H_x}{\partial z} \overline{j} \times \overline{k}$$

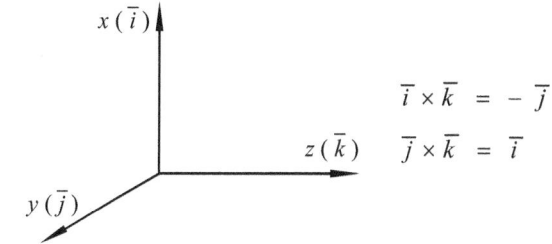

$$\overline{i} \times \overline{k} = -\overline{j}$$
$$\overline{j} \times \overline{k} = \overline{i}$$

$$\nabla \times H \times \overline{k} = \dfrac{\partial H_y}{\partial z} \overline{j} + \dfrac{\partial H_x}{\partial z} \overline{i}$$

$$\boxed{\nabla \times H \times \overline{k} = \dfrac{\partial H_x}{\partial z} \overline{i} + \dfrac{\partial H_y}{\partial z} \overline{j}}$$

Como $\nabla \cdot H = 0$

$$\nabla \cdot H = \dfrac{\partial H_x}{\partial x} + \dfrac{\partial H_y}{\partial y} + \dfrac{\partial H_z}{\partial z} = 0$$

Como se supone que H no varía según x ni según y:

$$\dfrac{\partial H_z}{\partial z} = 0$$

Agregando:

$$\nabla \times H \times \overline{k} = \frac{\partial H_x}{\partial z}\overline{i} + \frac{\partial H_y}{\partial z}\overline{j} + \frac{\partial H_z}{\partial z}\overline{k}$$

$$= \frac{\partial}{\partial z}\left(H_x\overline{i} + H_y\overline{j} + H_z\overline{k}\right)$$

$$\boxed{\nabla \times H \times \overline{k} = \frac{\partial H}{\partial z}}$$

Con el mismo criterio:

$$\boxed{\nabla \times E \times \overline{k} = \frac{\partial E}{\partial z}}$$

$$\nabla \times H \times \overline{k} = (\sigma + j\omega\varepsilon) E \times \overline{k} = \frac{\partial H}{\partial z}$$

$$\nabla \times E \times \overline{k} = -j\omega\mu H \times \overline{k} = \frac{\partial E}{\partial z}$$

Considerando los valores crecientes de Z, E y H varían según: $e^{-\gamma z}$

$$\frac{\partial}{\partial z}\left(H\, e^{-\gamma z}\right) = -\gamma H e^{-\gamma z} = -\gamma H$$

$$\frac{\partial}{\partial z}\left(E\, e^{-\gamma z}\right) = -\gamma E e^{-\gamma z} = -\gamma E$$

$(\sigma + j\omega\varepsilon) E \times \overline{k} = -\gamma H \qquad -j\omega\mu H \times \overline{k} = -\gamma E$

$$H = \frac{(\sigma + j\omega\varepsilon)}{\gamma}\overline{k} \times E \qquad E = \frac{j\omega\mu}{\gamma} H \times \overline{k}$$

Como $\gamma = \sqrt{j\omega\mu(\sigma + j\omega\varepsilon)}$

CAPITULO 4: Ecuación de onda Electromagnética

$$H = \sqrt{\frac{(\sigma + j\omega\varepsilon)^2}{j\omega\mu(\sigma + j\omega\varepsilon)}} \; \bar{k} \times E$$

$$E = \sqrt{\frac{(j\omega\mu)^{\cancel{2}}}{\cancel{j\omega\mu}(\sigma + j\omega\varepsilon)}} \; H \times \bar{k}$$

$$\boxed{H = \sqrt{\frac{\sigma + j\omega\varepsilon}{j\omega\mu}} \; \bar{k} \times E} \qquad [a]$$

$$\boxed{E = \sqrt{\frac{j\omega\mu}{\sigma + j\omega\varepsilon}} \; H \times \bar{k}} \qquad [b]$$

De [b] se deduce que E es perpendicular a H y $\bar{k}$

De [a] se deduce que H es perpendicular a E y $\bar{k}$

Por lo que E y H son perpendiculares entre sí y a su vez normales a la dirección z de propagación.

Tomando módulos en [a] y [b]

$$\left|\frac{E}{H}\right| = \sqrt{\frac{j\omega\mu}{\sigma + j\omega\varepsilon}} = z_{00}$$

Haciendo el análisis dimensional:

$$\frac{[E]}{[H]} = \frac{V/\cancel{m}}{A/\cancel{m}} = \frac{V}{A} = \Omega$$

$$z_{00} = \sqrt{\frac{j\omega\mu}{\sigma + j\omega\varepsilon}} =$$

$$= \sqrt{\frac{\cancel{j}\cancel{\omega}\mu}{\cancel{j}\cancel{\omega}\varepsilon\left(\frac{\sigma}{j\omega\varepsilon} + 1\right)^{1/2}}}$$

$$= \sqrt{\frac{\mu}{\varepsilon}} \cdot \frac{1}{\left(1 + \frac{\sigma}{j\omega\varepsilon}\right)^{1/2}}$$

Desarrollando en serie $\left(1 + \frac{a}{b}\right)^{-\frac{1}{2}} = 1 - \frac{a}{2b} + \ldots$

$$\left(1 + \frac{\sigma}{j\omega\varepsilon}\right)^{-\frac{1}{2}} = 1 - \frac{\sigma}{j2\omega\varepsilon} = 1 + j\frac{\sigma}{j2\omega\varepsilon}$$

$$Z_{00} = \sqrt{\frac{\mu}{\varepsilon}} \cdot \left(1 + j\frac{\sigma}{2\omega\varepsilon}\right)$$

Como es un dieléctrico perfecto:

$$\sigma = 0 \qquad \alpha = 0 \qquad \beta = \frac{\omega}{v} = \omega\sqrt{\mu_0\varepsilon_0}$$

$$v = \frac{1}{\sqrt{\mu_0\varepsilon_0}} = 3 \times 10^8 \frac{m}{s}$$

De la definición de Z_{00} (si $\sigma = 0$)

$$Z_{00} = \sqrt{\frac{\mu_0}{\varepsilon_0}} = \sqrt{\frac{4\pi \times 10^{-7} \; H/m}{\frac{1}{36\pi} \times 10^{-9} \; F/m}} = 120\pi \cong 377 \; \Omega$$

$$\boxed{Z_{00} = 377 \; \Omega}$$

4.4.3. Análisis dimensional:

$$[Z_{00}] = \sqrt{\frac{H}{F}} = \sqrt{\frac{\frac{V \cdot S}{A}}{\frac{A \cdot S}{V}}} = \sqrt{\frac{V^2}{A^2}} = \frac{V}{A} = \Omega$$

$$[V] = H \cdot \frac{A}{S}$$

$$[V] = \frac{A \cdot S}{F}$$

4.4.4. RESUMEN

Para dieléctrico:

$$\eta = \sqrt{\frac{\mu}{\varepsilon}}$$

Para el vacío:

$$\eta = \sqrt{\frac{\mu_0}{\varepsilon_0}} = 377 \; \Omega = Z_{00}$$

Para un conductor:

$$\eta = \sqrt{\frac{\mu}{\varepsilon}} = \frac{\mu}{\sqrt{\mu \varepsilon}} = \frac{j \omega \mu}{j \omega \sqrt{\mu \varepsilon}} = \frac{j \omega \mu}{\gamma}$$

Reemplazando por el $\gamma_{conductor}$

$$\eta = \frac{j\omega \mu}{j\omega \sqrt{\mu \varepsilon \left(\frac{\sigma}{j\omega \varepsilon} + 1\right)}} = \sqrt{\frac{\mu^2}{\mu \varepsilon \left(\frac{\sigma + j\omega \varepsilon}{j\omega \varepsilon}\right)}} =$$

$$\eta = \sqrt{\frac{j\omega\mu}{\sigma + j\omega\varepsilon}}$$

4.5. Velocidad de fase v_F

Analizando

$$\omega t - \beta z = constante$$
$$\omega\, dt - \beta\, dz = 0$$
$$\omega\, dt = \beta\, dz$$
$$\frac{dz}{dt} = \frac{\omega}{\beta} = v_F$$

$$v_F = \frac{\omega}{\beta} \qquad \frac{[\omega]}{[\beta]} = \frac{rad/s}{rad/m} = \frac{m}{s}$$

v_F: velocidad de fase.

Velocidad con la que se propaga un determinado valor instantáneo de la onda.

4.6. LONGITUD DE ONDA: λ

Restando dos valores instantáneos iguales y consecutivos de la onda:

$$\omega t_0 - \beta Z_1 - (\omega t_0 - \beta Z_2) = 2\pi$$
$$\beta Z_2 - \beta Z_1 = 2\pi$$
$$\beta (Z_2 - Z_1) = 2\pi$$

$$\left|Z_2 - Z_1\right| = \frac{2\pi}{\beta} = \lambda$$

$$v_F = \frac{\omega}{\beta} = \frac{2\pi f}{2\pi/\lambda} = \lambda f$$

$$v_f = \lambda f \quad \Rightarrow \quad \lambda = \frac{v_F}{f}$$

4.7. Factor de disipación: FD

$$F.D. = \frac{\sigma}{\omega \varepsilon}$$

4.8. Variación sinusoidal en el tiempo

Expresando por medio de un factor

$$E = E_0 e^{j\omega t}$$

$$H = H_0 e^{j\omega t}$$

$$e^{j\omega t} = \underbrace{\cos \omega t}_{\text{Re}} + j \underbrace{\operatorname{sen} \omega t}_{\text{Im}}$$

$$\operatorname{Re}[E] = E_0 \cos \omega t = E_0 e^{j\omega t}$$

$$\operatorname{Re}[H] = H_0 \cos \omega t = H_0 e^{j\omega t}$$

En las ecuaciones de Maxwell:

$$\frac{dE}{dt} = j\omega E_0 e^{j\omega t}$$

$$\frac{d^2E}{dt^2} = j^2\omega^2 E_0 e^{j\omega t} = -\omega^2 E_0 e^{j\omega t}$$

$$\frac{dH}{dt} = j\omega H_0 e^{j\omega t}$$

$$\frac{d^2H}{dt^2} = -\omega^2 H_0 e^{j\omega t}$$

Reemplazando en las ecuaciones de onda:

$$\nabla^2 E_0 e^{j\omega t} + \mu\omega^2 \varepsilon E_0 e^{j\omega t} - j\omega\mu\sigma E_0 e^{j\omega t} = 0$$

$$\nabla^2 E_0 + \mu\omega^2 \varepsilon E_0 - j\omega\mu\sigma E_0 = 0$$

$$\nabla^2 E_0 + E_0 \left(\mu\omega^2 \varepsilon - j\omega\mu\sigma\right) = 0$$

$$\boxed{\nabla^2 E_0 + E_0 \gamma^2 = 0}$$

$$\boxed{\nabla^2 H_0 + H_0 \gamma^2 = 0}$$

4.9. Resumen

Ecuación de onda plana en medio sin pérdidas, continua y uniforme con notación fasorial.

$$E_X(z,t) = E_i \cos(\omega t - \beta z)$$

$$H_Y(z,t) = \frac{E_i}{\eta} \cos(\omega t - \beta z)$$

Ecuación de onda plana en medio conducto, continuo y uniforme con notación fasorial.

$$E_X(z,t) = E_i e^{-\alpha z} \cos(\omega t - \beta z)$$

CAPITULO 4: Ecuación de onda Electromagnética

$$H_Y(z,t) = \frac{E_i}{\eta} e^{-\alpha z} \cos(\omega t - \beta z)$$

Impedancia intrínseca (η)

$$[\eta] = \frac{\sqrt{\frac{\mu}{\varepsilon}}}{\sqrt[4]{1 + \left(\frac{\sigma}{\omega \varepsilon}\right)^2}} \quad [\Omega] \quad \theta_\eta = \frac{1}{2} \text{tg}^{-1}\left(\frac{\sigma}{\omega \varepsilon}\right)$$

Constante de atenuación (α)

$$\alpha = \omega \sqrt{\frac{\mu \varepsilon}{2}\left[-1 + \left(\frac{\sigma}{\omega \varepsilon}\right)^2\right]} \quad \left[\frac{Neper}{m}\right]$$

Constante de fase (β)

$$\beta = \omega \sqrt{\frac{\mu \varepsilon}{2}\left[1 + \sqrt{1 + \left(\frac{\sigma}{\omega \varepsilon}\right)^2}\right]} \quad \left[\frac{rad}{m}\right]$$

Longitud de onda (λ)

$$\lambda = \frac{2\pi}{\beta} \quad [m]$$

Factor de disipación (F.D.)

$$F.D. = \frac{J_C}{J_D} = \frac{\sigma}{\omega \varepsilon}$$

Constante de profundidad de penetración (δ)

$$\delta = \frac{1}{\alpha} = \frac{1}{\omega \sqrt{\dfrac{\mu \varepsilon}{2} \left[-1 + \sqrt{1 + \left(\dfrac{\sigma}{\omega \varepsilon} \right)^2} \right]}} \qquad [m]$$

Capítulo 5

POLARIZACIÓN

5.1. CARACTERÍSTICAS DE UNA ONDA ELECTROMAGNÉTICA

- *Variación Sinusoidal* $\Rightarrow$ $E = E_0 \text{ sen } \omega t$
  $E = E_0 \cos \omega t$

- *Frecuencia* ; *Longitud de Onda*
  f $\qquad$ λ

- *Intensidad* $\Rightarrow$ $E\left[\dfrac{V}{m} \; ; \; \dfrac{mV}{m} \; ; \; \dfrac{uV}{m}\right]$

- *Dirección de Propagación* $\Rightarrow$ $P : Poynting \; [W/m^2]$

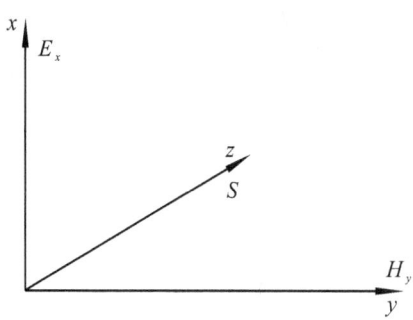

- *Expresión Matemática* $\Rightarrow$ $E_x = E_0 \cdot e^{j(\omega t - Bz)}$
  $H_y = H_0 \cdot e^{j(\omega t - Bz)}$

- *Polarización* $\Rightarrow$ $E \sim 10^6 H$ (E es casi 1.000.000 de veces más grande que H→ es más fácil medir E)

5.2. DEFINICION

Se define a la polarización de una onda plana uniforme (OPU) como la dirección que toma el vector campo eléctrico E en un punto fijo del espacio. En comunicaciones, la referencia espacial es la superficie terrestre.

Si la propagación de la onda electromagnética es en el eje z, se definen E_x y H_y.

Por lo tanto, la dirección de variación del campo eléctrico E define la dirección de la polarización. El campo eléctrico E se toma de manera arbitraria para definir todos los parámetros de una OPU.

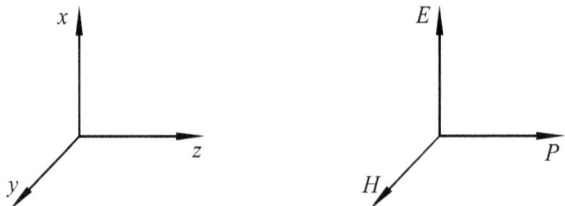

La OPU está polarizada en el eje x (vector E_x) y se desplaza en el eje z (vector Poynting P). Por lo tanto, definiremos a esa onda como de polarización lineal.

CAPITULO 5: Polarización

5.3 CLASIFICACIÓN

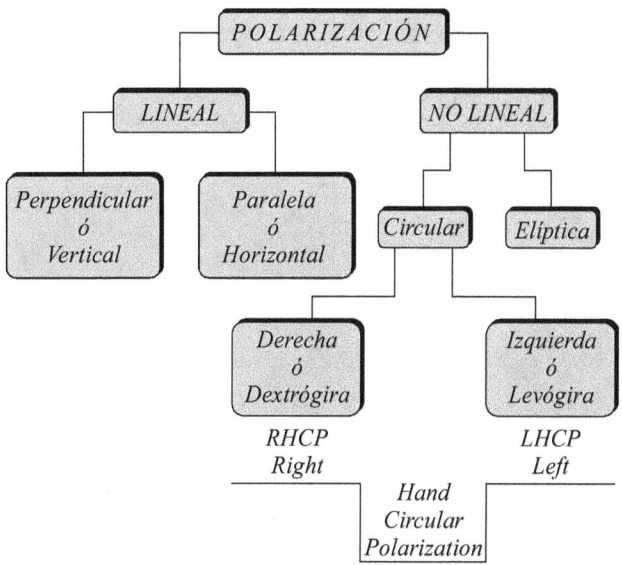

5.4. UBICACION ESPACIAL DE LOS CAMPOS E y H

5.4.1. Polarización lineal horizontal

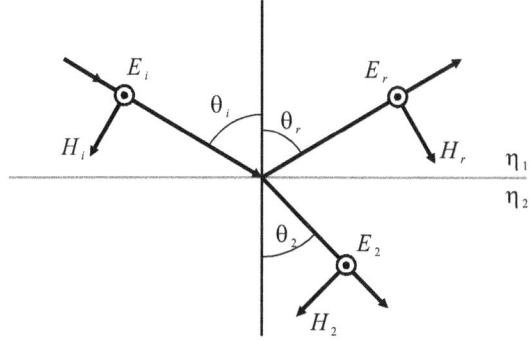

5.4.2. Polarización lineal vertical

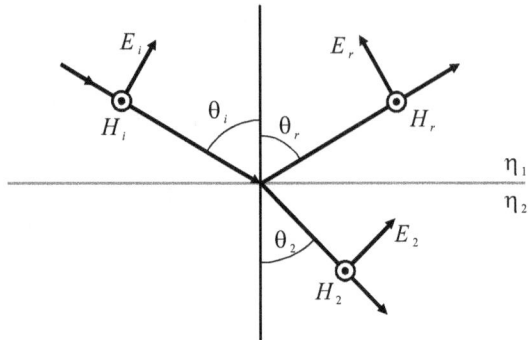

5.5. ANÁLISIS DE LAS POLARIZACIONES

5.5.1. Polarización lineal

Si existen dos componentes E_x y E_y y están en fase, el campo eléctrico E resultante tendrá una dirección dependiente de las magnitudes relativas de E_x y E_y. El ángulo α que esta dirección forme con el eje x será constante en el tiempo y vale:

$$\alpha = \text{arctg}\,\frac{E_x}{E_y} = cte.$$

Analizando en el tiempo para el caso en que: $E_x = E_y \Rightarrow \alpha = 45°$

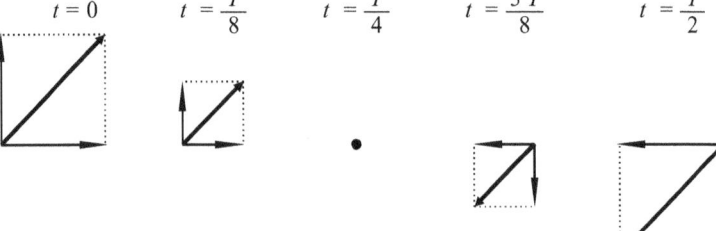

CAPITULO 5: Polarización

a) Polarización lineal perpendicular

La dirección del campo eléctrico E es perpendicular al plano de la superficie de la tierra.

$\alpha = 90°$

b) Polarización lineal paralela

La dirección del campo eléctrico E es paralela al plano de la superficie de la tierra.

$\alpha = 0°$

5.5.2. Polarización elíptica

Si E_x y E_y no están en fase (es decir que alcanzan sus valores máximos en instantes diferentes), entonces la dirección del vector campo eléctrico E resultante variará con el tiempo.

Los vértices que ocupará el lugar geométrico de estos vectores resultantes del campo eléctrico E originan una elipse.

$\lfloor E_x \neq \lfloor E_y$

$t = 0 \qquad t = \dfrac{T}{8} \qquad t = \dfrac{T}{4} \qquad t = \dfrac{3T}{8} \qquad t = \dfrac{T}{2}$

Supongamos dos componentes x e y del vector campo eléctrico tal que:

$|E_x| \neq |E_y|$

$$\underline{E_y} = \underline{E_x} + 90°$$

El campo eléctrico resultante E_r se puede representar como:

$$E_r = ax\ A + j\ ay\ B$$

en donde A y B son constantes reales y positivas y a_x y a_y son versores unitarios de cada eje ($|a_x| = |a_y| = 1$)

La variación temporal del campo está dada por:

$$E(0, t) = x\ A\ \cos \omega t - y\ B\ \text{sen}\ \omega t$$

Las componentes del campo variable en el tiempo, serán:

$$E_x = A\ \cos \omega t$$

$$E_y = B\ \text{sen}\ \omega t$$

Elevando ambos términos al cuadrado y operando, se tiene:

$$\frac{E_x^2}{A^2} + \frac{E_y^2}{B^2} = 1$$

Esta es la ecuación de una elipse.

La polarización elíptica queda determinada por la orientación del eje mayor de la elipse y por la razón de sus ejes. Se especifican tres parámetros:

a) El **radio** o relación axial r de la elipse.

$$r = \frac{R\ mayor}{R\ menor}$$

$$r^2 = \frac{M}{N}$$

$$M = E_x^2\ \text{sen}^2 \alpha + 2 E_x . E_y\ \text{sen}\ 2\alpha\ \text{sen}\ \phi + E_y^2\ \text{sen}^2 \alpha$$

$$N = E_x^2\ \cos^2 \alpha - 2 E_x E_y\ \text{sen}\ 2\alpha\ \text{sen}\ \phi + E_y^2\ \text{sen}^2 \alpha$$

b) El ángulo de **inclinación** α del eje principal respecto de la horizontal.

CAPITULO 5: Polarización

$$\text{tg}\, 2\alpha = \left\{\frac{2\, E_x\, E_y\, \text{sen}\, \phi}{E_y^{\,2} - E_x^{\,2}}\right\} \Rightarrow \alpha = \frac{1}{2} tg^{-1}\left\{\frac{2\, E_x\, E_y\, \text{sen}\, \phi}{E_y^{\,2} - E_x^{\,2}}\right\}$$

c) El ángulo de **fase** ϕ que hace máximo a E_x.

5.5.3. Polarización circular

Es una condición particular de la polarización elíptica, la que se da cuando:

$$|E_x| = |E_y|$$

$$\underline{|E_y} = \underline{|E_x} + 90° \quad \Rightarrow \quad \text{LHCP (CCW)}$$

$$\underline{|E_y} = \underline{|E_x} - 90° \quad \Rightarrow \quad \text{RHCP (CW)}$$

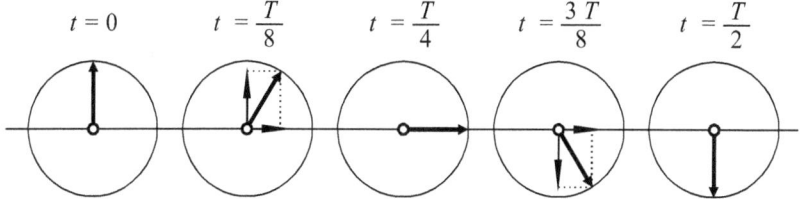

5.6. APLICACIONES

Diferentes sistemas de comunicaciones, emplean diversas modalidades de polarización.

Esto es así pues de esta manera se aprovecha de mejor forma el espectro electromagnético y las condiciones de propagación de una OEM según su frecuencia.

Existen casos en donde se utilizan los dos tipos de polarización lineal en el mismo lugar, permitiendo esto duplicar las posibilidades de uso del EEM para la misma frecuencia.

5.6.1. Polarización lineal perpendicular

a) Emisora de AM

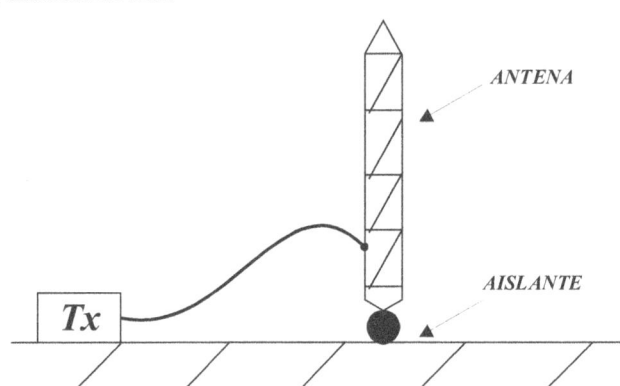

b) Enlaces fijos con antenas Yagi.

5.6.2. Polarización lineal paralela

Enlaces fijos con antenas Yagi

CAPITULO 5: Polarización

5.8. PREGUNTAS DE REPASO/EXAMEN

1) Definir polarización de una onda.

2) Definir polarización de una onda electromagnética (OEM).

3) ¿Cuántos tipos de polarización puede indicar?

4) Nombrar ejemplos de aplicaciones de los distintos tipos de polarización de una OEM.

5) Una antena, ¿tiene alguna relación con el concepto de polarización de una OEM?

6) En una OEM, ¿qué relación existe entre su polarización y el vector campo eléctrico?

7) En una OEM, ¿qué relación existe entre su polarización y el vector campo magnético?

8) En polarización lineal, ¿qué relación existe entre las componentes del vector campo eléctrico? ¿Y entre las componentes del vector campo magnético?

9) En polarización circular, ¿qué relación existe entre las componentes del vector campo eléctrico? ¿Y entre las componentes del vector campo magnético?

10) En polarización elíptica, ¿qué relación existe entre las componentes del vector campo eléctrico? ¿Y entre las componentes del vector campo magnético?

11) En una antena Yagui, ¿qué elemento determina la polarización de la misma?

12) En una antena parabólica de microondas, ¿qué elemento determina la polarización de la misma?

13) Una antena que está trabajando con polarización vertical, ¿puede recibir una señal de una OEM con polarización horizontal? SI – NO – POR QUÉ.

14) ¿Qué polarización presenta la señal de la emisora de radiodifusión de AM LW1 Radio Universidad (fc = 580 KHz)? ¿Por qué?

15) ¿Qué polarización presenta la señal de la emisora de radiodifusión de FM Radio UTN (fc = 94,3 MHz)? ¿Por qué?

16) ¿Qué polarización presenta la señal de la emisora de teledifusión del canal Nº 12 de TV abierta de la ciudad de Córdoba (fc = 205,25 MHz)? ¿Por qué?

17) ¿Cómo se define la polarización en la antena de un satélite

Unidad 6

POYNTING

6.1. GENERALIDADES

Las ondas electromagnéticas (OEM) se propagan por el espacio desde su origen (foco generador o antena transmisora) hasta puntos distantes de recepción (destino o antena receptora).

Por lo tanto, hay un trasporte de energía (energía de la OEM).

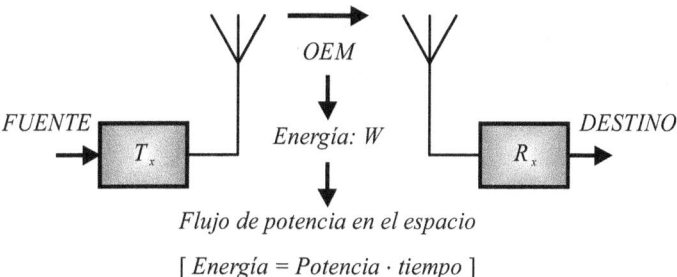

Flujo de potencia en el espacio

[*Energía = Potencia · tiempo*]

Cuando una OEM pasa a través de una superficie imaginaria del espacio, su energía atraviesa dicha superficie y en cada instante hay un flujo de potencia por unidad de área en relación directa entre la velocidad de transferencia de energía y las amplitudes de los campos eléctricos **E** y **H** de la OEM.

Al dibujar las líneas de flujo del campo vectorial de ℗, se está indicando el flujo de energía electromagnética (EM).

P: energía que transporta la OEM al propagarse en el espacio.

6.2. DEFINICIÓN

El vector de Poynting es una manifestación del principio de conservación de la energía.

Como al hacer el producto vectorial de las componentes de una OEM (***E*** x ***H***) resulta otro vector cuya dirección de propagación es perpendicular a la del plano formado por las componentes ***E*** y ***H***, resulta:

$$E \times H = P$$

Esta densidad de potencia de la OEM que atraviesa la superficie, se define como "VECTOR DE POYNTING".

El vector de Poynting $\mathcal{P}$ es el vector de flujo de potencia, cuya dirección es igual a la de la propagación de la onda y cuya magnitud es igual a la de la potencia que fluye por unidad de área normal a su dirección de propagación.

$$P = E \times H$$

$$P_{prom}(z) = \frac{1}{2} \operatorname{Re}\left[E_x \times H_y\right]$$

6.3. ANÁLISIS DIMENSIONAL

Haciendo el análisis dimensional de (***E*** x ***H***), resulta:

$$[E \times H] = [E] \cdot [H] = \frac{V}{m} \cdot \frac{A}{m} = \frac{W}{m^2}$$

Por lo tanto, el vector de Poynting es, dimensionalmente, una densidad de potencia: potencia por unidad de área.

Es decir que el vector de Poynting es el vector densidad de potencia asociado con los campos de la OEM.

$$[P] = \frac{W}{m^2}$$

6.4. ANÁLISIS DESDE LAS ECUACIONES DE MAXWELL

Supongamos una región del espacio encerrada por una superficie y que es atravesada por una OEM.

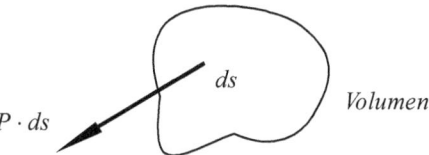

El flujo de energía EM por unidad de tiempo hacia fuera de dicha región, se obtiene integrando **P** sobre la superficie exterior.

$$P \cdot ds = Flujo\ saliente\ de\ Potencia \qquad [6\text{-}1]$$

Si la energía sale de la región, debe haber una correspondiente pérdida de la energía contenida en la misma.

La energía de la OEM es la suma de las energías eléctrica y magnética.

$$W_e = \frac{1}{2} \, D E \, dv$$

$$W_m = \frac{1}{2} \, B H \, dv$$

$$W_{em} = W_e + W_m = \frac{1}{2} \left[(BH) + (DE) \right] dv \qquad [6\text{-}2]$$

La variación de la energía por unidad de área, se encuentra diferenciando [6-2].

$$\frac{\delta W}{\delta t} = - \frac{\delta}{\delta t} \left\{ \frac{1}{2}\left[(BH) + (DE) \right] dv \right\} \qquad [6\text{-}3]$$

Si la energía no se transforma en calor por el flujo de corriente dentro del volumen y si hay conductividad cero dentro de la región (vacío o aislador perfecto), solamente puede haber una disminución de la energía que hay en el campo, si hay un flujo de potencia igual hacia fuera.

$$P \cdot ds = -\frac{\delta}{\delta t}\left\{\frac{1}{2}\left[(BH)+(DE)\right]dv\right\}$$

$$P \cdot ds = -\frac{1}{2}\left\{\frac{\delta}{\delta t}\left[(\mu H\ H)+(\varepsilon E\ E)\right]dv\right\}$$

Donde

$$B = \mu\ H \qquad D = \varepsilon\ E$$

Resolviendo

$$P \cdot ds = -\left[\left(\mu H\ \frac{\delta H}{\delta t}\right)+\left(\varepsilon E\ \frac{\delta E}{\delta t}\right)\right]dv$$

$$= -\left[\left(H\mu\ \frac{\delta H}{\delta t}\right)+\left(E\ \frac{\varepsilon\delta E}{\delta t}\right)\right]dv$$

$$= -\left[\left(H \cdot \frac{\delta B}{\delta t}\right)+\left(E\ \frac{\delta D}{\delta t}\right)\right]dv \qquad [6\text{-}4]$$

De las ecuaciones de Maxwell:

$$\nabla \times H = \frac{\delta D}{\delta t}+J$$

$$\nabla \times E = -\frac{\delta B}{\delta t}$$

Reemplazando en [6.4]:

$$-\left(H\ \frac{\delta B}{\delta t}\right)+\left(E\ \frac{\delta D}{\delta t}\right)dv = -\left[H(-\nabla \times E)+E(\nabla \times H)\right]dv =$$

$$= \left[H(\nabla \times E)-E(\nabla \times H)\right]dv \qquad [6\text{-}5]$$

Recordando la identidad:

$$\nabla(A \times B) = B(\nabla \times A) - A(\nabla \times B)$$

Reemplazando en [6.5]:

$$\left[H(\nabla \times E) - E(\nabla \times H)\right] dv = \nabla (E \times H) dv$$

Al integrar la divergencia en un volumen, la integral de volumen se transforma en una integral de superficie:

$$P \cdot ds = (E \times H) dv \qquad [6\text{-}6]$$

Los dos miembros de [6.6] son integrales superficiales que se integran sobre iguales superficies arbitrarias.

Por lo que la ecuación [6.6] se satisface solamente si:

$$P = E \times H$$

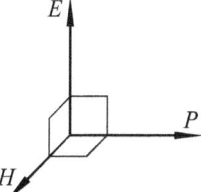

Los tres vectores (E, H y P) son ortogonales entre sí.

La potencia instantánea P dependerá de la integral de la energía en el volumen considerado.

$$P(t) = \frac{d}{dt} W_{em} \, dv = \Gamma \, ds$$

Es un vector que representa el número de líneas de fuerza por unidad de superficie.

Resolviendo:

$$\frac{d}{dt}\left(\frac{1}{2} \varepsilon E_2 + \frac{1}{2} \mu H_2\right) = \varepsilon E \frac{\delta E}{\delta t} + \mu H \frac{\delta H}{\delta t} = \nabla \cdot \Gamma$$

De donde

$$\frac{du^2}{dt} = 2u \frac{du}{dt}$$

Considerando las ecuaciones de Maxwell:

$$\nabla \times E = - \frac{\delta B}{\delta t} \qquad [6\text{-}7]$$

$$\nabla \times H = J + \varepsilon \frac{\delta E}{\delta t} \qquad [6\text{-}8]$$

Multiplicando [6.7] . H y [6.8] . E y restando miembro a miembro:

$$\begin{array}{c} H(\nabla \times E) = -\mu H \dfrac{\delta H}{\delta t} \\ - \\ E(\nabla \times H) = \varepsilon E \dfrac{\delta E}{\delta t} + J E \\ \hline \end{array}$$

$$H(\nabla \times E) - E(\nabla \times H) = -\left(\mu H \frac{\delta H}{\delta t} + \varepsilon E \frac{\delta E}{\delta t}\right) - J E$$

Aplicando al primer miembro la identidad:

$$\nabla \cdot (A \times B) = B \cdot (\nabla \times A) - A \cdot (\nabla \times B)$$

resulta

$$\underbrace{\nabla \cdot (E \times H)}_{(a)} = \underbrace{-\left(\mu H \frac{\delta H}{\delta t} + \varepsilon E \frac{\delta E}{\delta t}\right)}_{(b)} \underbrace{- J E}_{(c)}$$

(a): Velocidad de flujo de energía que atraviesa la superficie que encierra el volumen considerado — ENERGÍA ENTRANTE

(b): Densidad de energía electromagnética por unidad de volumen : ⇒ velocidad de crecimiento — ENERGÍA ENTRETENIDA

(c): Potencia instantánea disipada en el volumen considerado: ⇒ equivale a pérdida de energía — ENERGÍA CONSUMIDA

CAPITULO 6: Poynting

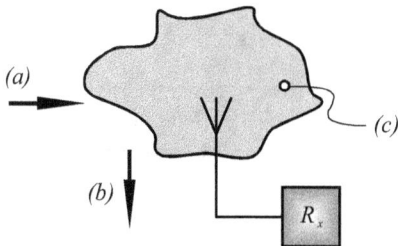

Resumiendo:

"El flujo de potencia entrante a una superficie cerrada es igual a la velocidad de crecimiento de la energía dentro de la superficie cerrada".

Analizando para cada material, resulta:

TRABAJANDO CON:	QUEDA:
DIELÉCTRICO	(a) (b)
CONDUCTOR	(a) (c)
DIELÉCTRICO Y CONDUCTOR	(a) (b) (c)

6.5. PREGUNTAS DE REPASO/EXAMEN

1) Definir el vector de Poynting.

2) ¿Cuál es la unidad de medida del vector de Poynting? ¿Por qué?

3) ¿Qué potencia transporta una onda electromagnética (OEM)?

4) Indicar el comportamiento del vector de Poynting respecto del tiempo.

5) Indicar el comportamiento del vector de Poynting respecto del espacio.

6) El Teorema de Poynting concluye en una expresión analítica con un término en el primer miembro y dos términos en el segundo miembro. Indicar el significado de cada uno de los términos.

Capítulo 7

Reflexión normal sobre un dieléctrico

7.1. Introducción

Si una onda electromagnética incide sobre una superficie aislante o dieléctrica, al hacerlo en forma normal o perpendicular a la misma, habrá una reflexión parcial y una transmisión parcial de la energía incidente, cuyas magnitudes dependerán de las características del material.

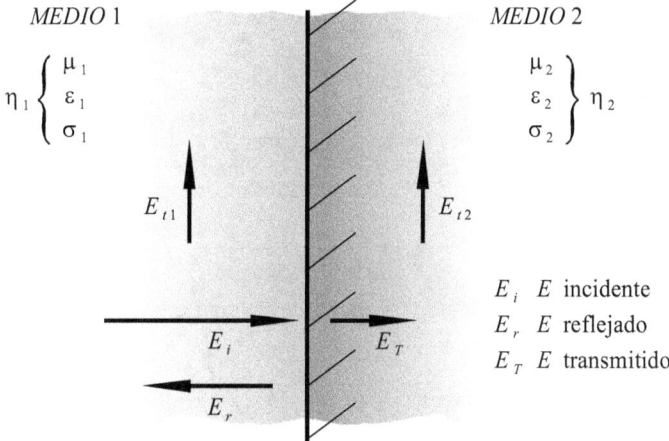

Habrá un amortiguamiento de la señal transmitida si el material no es un dieléctico perfecto o si hay pérdidas por "histéresis dieléctrica" asociada a cada ciclo del campo eléctrico.

Supongamos una onda electromagnética en el aire o en el vacío y que se propaga incidiendo en forma normal sobre un material dieléctrico.

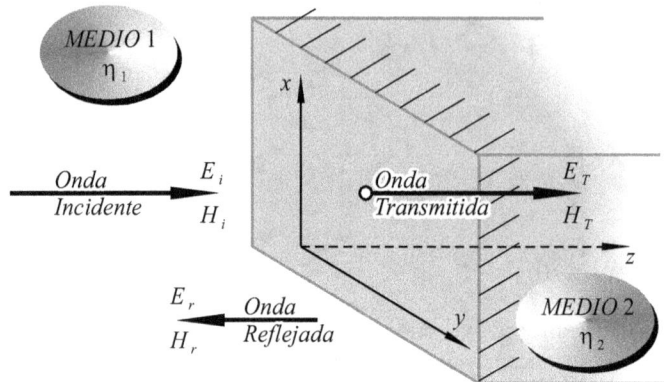

El valor de las impedancias intrínsecas de cada medio:

$$\eta_1 = \sqrt{\frac{\mu_1}{\varepsilon_1}} \qquad \eta_2 = \sqrt{\frac{\mu_2}{\varepsilon_2}}$$

En el aire o vacío se tendrá:

$$E_{x1} = E_i \, e^{\, j(\omega t - \beta_1 Z)} + E_r \, e^{\, j(\omega t + \beta_1 Z)} \qquad [7\text{-}1]$$

En el dieléctrico:

$$E_{x2} = E_T \, e^{\, j(\omega t - \beta_2 Z)} \qquad [7\text{-}2]$$

Debido a que la componente tangencial del campo eléctrico es continua en la superficie de contorno, en $Z = \phi$

$$E_{x1} = E_{x2}$$

Haciendo: [7-1] = [7-2] en $z = 0$

$$E_i \, e^{\, j\omega t} + E_r \, e^{\, j\omega t} = E_T \, e^{\, j\omega t}$$

$$E_i + E_r = E_T \qquad [7\text{-}3]$$

Si el campo magnético de cada onda progresiva es normal al campo eléctrico y a su vez es normal a la dirección de propagación de la onda:

$$H_{y1} = H_i \, e^{\, j(\omega t - \beta_1 z)} + H_r \, e^{\, j(\omega t + \beta_1 z)}$$

CAPITULO 7: Reflexión normal sobre un dieléctrico

$$H_{y2} = H_T \, e^{j(\omega t - \beta_2 z)}$$

Debido a que en la superficie de contorno, la componente tangencial del campo magnético H_T es continua, en $Z = 0$:

$$H_{y1} = H_{y2}$$

$$H_i \, e^{j\omega t} + H_r \, e^{j\omega t} = H_T \, e^{j\omega t}$$

$$H_i + H_r = H_T \qquad [7\text{-}4]$$

De las ecuaciones de Maxwell se deduce que E y H están vinculados a través de la impedancia intrínseca del medio $(Z_{00}; \eta)$

$$\frac{E_i}{H_i} = \eta_1 \;\Rightarrow\; E_i = \eta_1 H_i \qquad H_i = \frac{E_i}{\eta_1} \qquad [7\text{-}5]$$

$$\frac{E_r}{H_r} = -\eta_1 \;\Rightarrow\; E_r = -\eta_1 H_r \qquad H_r = \frac{-E_r}{\eta_1} \qquad [7\text{-}6]$$

$$\frac{E_T}{H_T} = \eta_2 \;\Rightarrow\; E_T = \eta_2 H_T \qquad H_T = \frac{E_T}{\eta_2} \qquad [7\text{-}7]$$

Donde

η_1 es la Impedancia intrínseca del Medio 1

η_2 es la Impedancia intrínseca del Medio 2

El signo negativo para la componente E_r significa que se propaga en dirección opuesta a la incidente.

Llevando [7-5], [7-6] y [7-7] a [7-4]

$$\frac{E_i}{\eta_1} - \frac{E_r}{\eta_1} = \frac{E_T}{\eta_2} \qquad [7\text{-}8]$$

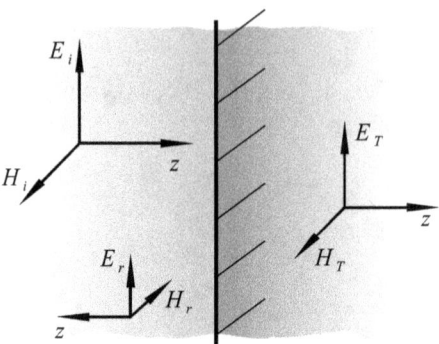

Combinando [7-8] con [7-3]

$$E_i + E_r = E_T$$

$$\frac{E_i}{\eta_1} - \frac{E_r}{\eta_1} = \frac{E_T}{\eta_2} \Rightarrow \left(\frac{E_i}{\eta_1} - \frac{E_r}{\eta_1}\right)\eta_2 = E_T$$

$$E_T = E_i + E_r = \left(\frac{E_i}{\eta_1} - \frac{E_r}{\eta_1}\right)\eta_2$$

$$E_i + E_r = \frac{\eta_2}{\eta_1}\left(E_i - E_r\right)$$

$$E_r + \frac{\eta_2}{\eta_1} E_r = \frac{\eta_2}{\eta_1} E_i - E_i$$

$$E_r \left(1 + \frac{\eta_2}{\eta_1}\right) = E_i \left(\frac{\eta_2}{\eta_1} - 1\right)$$

$$E_r = E_i \frac{\dfrac{\eta_2}{\eta_1} - 1}{\dfrac{\eta_2}{\eta_1} + 1} = E_i \frac{\dfrac{(\eta_2 - \eta_1)}{\eta_1}}{\dfrac{(\eta_2 + \eta_1)}{\eta_1}}$$

$$E_r = E_i \frac{(\eta_2 - \eta_1)}{(\eta_2 + \eta_1)} \qquad [7\text{-}9]$$

Haciendo lo mismo para la componente del campo magnético, se combinan [7-5] y [7-6] con [7-9]

$$E_r = E_i \frac{\eta_2 - \eta_1}{\eta_2 + \eta_1}$$

$$-\eta_1 H_r = \eta_1 H_i \frac{\eta_2 - \eta_1}{\eta_2 + \eta_1}$$

$$H_r = -H_i \frac{\eta_2 - \eta_1}{\eta_2 + \eta_1} \qquad [7\text{-}10]$$

7.2. DEFINICIÓN DE PARÁMETROS

7.2.1 Coeficiente de reflexión

Se define como coeficiente de reflexión *CRflx* al término:

$$CRflx = \frac{\eta_2 - \eta_1}{\eta_2 + \eta_1} = \Gamma$$

Combinando [7-8] con [7-3]

$$E_i + E_r = E_T \quad \Rightarrow \quad E_r = E_T - E_i$$

$$\frac{E_i}{\eta_1} - \frac{E_r}{\eta_1} = \frac{E_T}{\eta_2}$$

$$\frac{E_i}{\eta_1} - \frac{E_T}{\eta_2} = \frac{E_r}{\eta_1} \quad \Rightarrow \quad E_r = \eta_1 \left(\frac{E_i}{\eta_1} - \frac{E_T}{\eta_2} \right)$$

$$E_r = E_T - E_i = \eta_1 \left(\frac{E_i}{\eta_1} - \frac{E_T}{\eta_2} \right)$$

$$E_T - E_i = \frac{\eta_1}{\eta_1} E_i - \frac{\eta_1}{\eta_2} E_T$$

$$E_T + \frac{\eta_1}{\eta_2} E_T = E_i + E_i$$

$$E_T = \left(1 + \frac{\eta_1}{\eta_2}\right) = 2 E_i$$

$$E_T = 2 E_i \left(1 + \frac{\eta_1}{\eta_2}\right) = 2 \frac{E_i}{\frac{\eta_2 + \eta_1}{\eta_2}} = 2 \eta_2 \frac{E_i}{\eta_2 + \eta_1}$$

$$E_T = E_i \, 2 \frac{\eta_2}{\eta_2 + \eta_1}$$

Haciendo lo mismo para la componente del campo magnético, se combinan [7-5] y [7-6] con [7-9]

$$E_T = E_i \, 2 \frac{\eta_2}{\eta_2 + \eta_1}$$

$$\eta_2 H_T = \eta_1 H_i \, 2 \frac{\eta_2}{\eta_2 + \eta_1}$$

$$H_T = \frac{\eta_1}{\eta_2} \frac{2 \eta_2}{\eta_2 + \eta_1}$$

$$H_T = H_i \, 2 \frac{\eta_2}{\eta_2 + \eta_1}$$

7.2.2. Coeficiente de refracción

Se define como coeficiente de refracción *CRfr*:

$$CRfr(E) = \frac{2 \eta_2}{\eta_2 + \eta_1}$$

$$CRflx(H) = \frac{2 \eta_1}{\eta_2 + \eta_1}$$

CAPITULO 7: Reflexión normal sobre un dieléctrico

7.2.3 Relación de Onda estacionaria ROE

En los sistemas reales de comunicaciones, el caso más usual donde se debe medir el grado de desadaptación de impedancias, es entre una línea de transmisión y una antena.

La manera práctica de medir dicha desadaptación es con un instrumento de medición llamado ROE-metro (también conocido como Vatímetro de Insersión).

Analíticamente, el calor de la ROE se obtiene a partir del valor del coeficiente de reflexión gamma:

$$ROE = \rho = \frac{1+|\Gamma|}{1-|\Gamma|}$$

Por lo tanto, mientras que el coeficiente de reflexión es un numero complejo (tendrá modulo y argumento), como en la ROE se considera solamente el módulo del coeficiente de reflexión ($|\Gamma|$), resulta que la ROE es un número real.

Relacionando las tensiones en la LdT:

$$ROE = \frac{Ei + Er}{Ei - Er} = \frac{1+|\Gamma|}{1-|\Gamma|} = \frac{E_{MAX}}{E_{MIN}}$$

De allí deducimos que cuando las impedancias están adaptadas, no existe tensión reflejada (Er=0) a lo largo de la línea de transmisión.

Por lo tanto, en una adaptación perfecta o ideal se tiene $|\Gamma| = 0$:

$$ROE = \frac{Ei + Er}{Ei - Er} = \frac{Ei + 0}{Ei - 0} = Ei / Ei = 1$$

De manera opuesta, el máximo grado de desadaptación se dará cuando haya una terminación en cortocircuito (ZL=0) o en circuito abierto (ZL=∞). En ambos casos, resulta:

$$|\Gamma| = 1$$

En este caso, la ROE vale:

$$ROE = \frac{1+|\Gamma|}{1-|\Gamma|} = \frac{1+1}{1-1} = \frac{2}{0} = \infty$$

Por lo tanto, los valores que tome la ROE podrán encontrarse dentro del rango:

ROE → 1 → ADAPTACIÓN TOTAL
ROE → ∞ → MAXIMA DESADAPTACIÓN

7.3. EJEMPLO

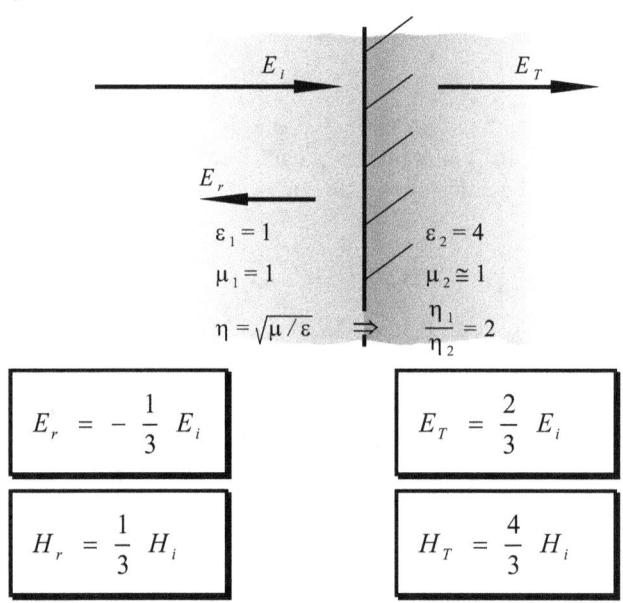

Considerando el Poynting en $z = 0$:

$$P_i = E_i \times H_i = E_{xi} \cdot H_{yi} = E \cos\omega t \; H_i \cos\omega t$$
$$= E_i H_i \cos^2 \omega t$$

La energía de la onda incidente llega a la superficie del dieléctrico con una vibración de doble frecuencia y que siempre es positiva.

CAPITULO 7: Reflexión normal sobre un dieléctrico

El valor máximo de P_i:

$$P_i = E_i \cdot H_i = \frac{E_i^{\,2}}{\eta_1}$$

El valor máximo de la potencia en la onda reflejada es:

$$P_r = E_r H_r = \left(\frac{1}{3} E_i\right)\left(\frac{1}{3} H_i\right) = \frac{1}{9} \frac{E_i^{\,2}}{\eta_1}$$

Donde: $H_i = \dfrac{E_i}{\eta_1}$

El valor máximo de la potencia en la onda transmitida es:

$$P_r = E_T H_T = \left(\frac{2}{3} E_i\right)\left(\frac{4}{3} H_i\right) = \frac{8}{9} \frac{E_i^{\,2}}{\eta_1}$$

Resumiendo:

- ENERGÍA INCIDENTE = 1
- ENERGÍA REFLEJADA = 1 / 9
- ENERGÍA TRANSMITIDA = 8 / 9

Al producirse la señal reflejada, aparece una onda estacionaria con nodos (*MÁXIMOS*) y vientres (*MÍNIMOS*)

La Relación de Onda Estacionaria ($ROE = \rho$) se define como la relación de la intensidad de campo en un vientre a la intensidad de campo en un modo.

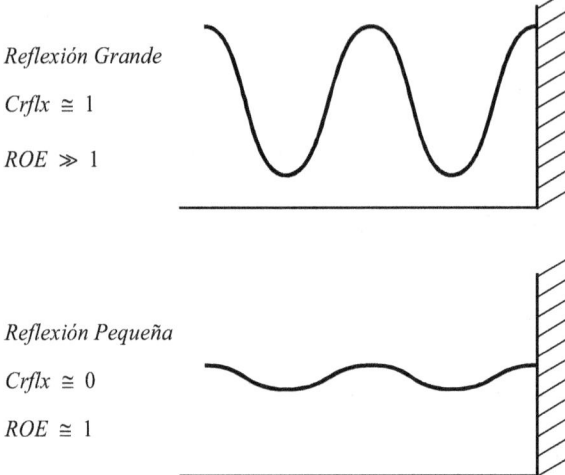

7.4 PREGUNTAS DE REPASO/EXAMEN

1) Indicar lo que sucede con la componente del campo eléctrico de una onda electromagnética (OEM) al incidir de manera perpendicular o normal sobre una superficie aislante o dieléctrica.

2) Indicar lo que sucede con la componente del campo magnético de una OEM al incidir de manera perpendicular o normal sobre una superficie aislante o dieléctrica.

3) Definir el concepto de impedancia de campo.

4) Indicar el valor de la impedancia de campo.

5) Definir e indicar el valor del coeficiente de reflexión del vector campo eléctrico entre los dos medios dieléctricos.

6) Definir e indicar el valor del coeficiente de reflexión del vector campo magnético entre los dos medios dieléctricos.

7) Indicar los valores mínimo, máximo y óptimo que puede tomar el coeficiente de reflexión. ¿Cuándo se da cada uno de los casos mencionados?

8) Definir e indicar el valor del coeficiente de refracción del vector campo eléctrico entre los dos medios dieléctricos.

9) Definir e indicar el valor del coeficiente de refracción del vector campo magnético entre los dos medios dieléctricos.

10) Indicar los valores mínimo, máximo y óptimo que puede tomar el coeficiente de refracción. ¿Cuándo se da cada uno de los casos mencionados?

11) Indicar las condiciones de continuidad en la región de frontera de dos medios dieléctricos.

Capítulo 8

Incidencia normal sobre un conductor

8.1 Introducción

La relación de los componentes de campo eléctrico reflejado e incidente (coef. de reflexión):

$$\Gamma = \frac{E_r}{E_i} = \frac{\eta_2 - \eta_1}{\eta_2 + \eta_1}$$

η : Impedancia intrínseca del medio

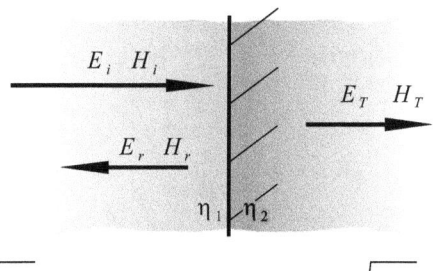

$$\eta_1 = \sqrt{\frac{\mu_1}{\varepsilon_1}} \qquad \eta_1 = \sqrt{\frac{\mu_2}{\varepsilon_2}}$$

Para el caso de refracción se relaciona el campo eléctrico transmitido con el incidente:

$$\frac{E_T}{E_i} = \frac{2\eta_2}{\eta_2 + \eta_1}$$

Para el campo magnético:

$$\frac{H_r}{H_i} = \frac{\eta_1 - \eta_2}{\eta_2 + \eta_1} \qquad \frac{H_T}{H_i} = \frac{2\eta_1}{\eta_1 + \eta_2}$$

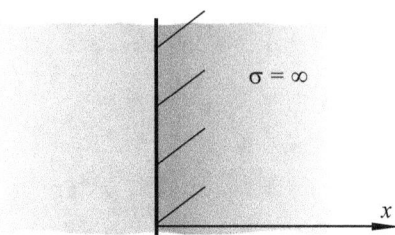

La onda en un medio conductor perfecto se atenúa (x) y no penetra: hay una reflexión total.

La componente incidente es:

$$E_i = C_1 \, e^{j(\omega t - \beta x)}$$

α: constante de atenuación

$$\beta = \omega \sqrt{\mu \varepsilon} = \frac{2\pi}{\lambda} \quad \text{cte. de fase}$$

$\gamma = \alpha + \beta$: cte. de propagación

La componente reflejada

$$E_r = C_2 \, e^{j(\omega t + \beta x)}$$

Para el campo magnético:

$$H_i = \frac{C_1}{\eta} \, e^{j(\omega t - \beta x)} \qquad H_r = \frac{C_2}{\eta} \, e^{j(\omega t + \beta x)}$$

El campo magnético total:

$$E_T = C_1 \, e^{j(\omega t - \beta x)} + C_2 \, e^{j(\omega t + \beta x)}$$

C_1; C_2: amplitudes máximas del campo eléctrico (se definen por las condiciones del contorno)

Considerando el origen de la separación de los medios:

$$E_T\big|_{x=0} = C_1 \, e^{j\omega t} + C_2 \, e^{j\omega t} = \left(C_1 + C_2 \right) e^{j\omega t} = 0$$

CAPITULO 8: Incidencia normal sobre un conductor

La condición de contorno de la componente tangencial de campo eléctrico debe ser nula en la separación de superficies, por ser un conductor.

Como este no puede ser cero:

$$C_1 + C_2 = 0$$

$$C_1 = -C_2 \Rightarrow E_i \neq menos\, E_r$$

Con lo que:

$$E_T = C\, e^{j\omega t}\left(e^{-j\beta x} - e^{j\beta x}\right)$$
$$= -2j\, C\, e^{j\omega t}\, \text{sen}\, \beta x$$

Considerando a j equivalente a $\dfrac{\pi}{2}$, resulta:

$$E_T = -2\left[\text{sen}\, \beta x\, \cos\left(\omega t + \dfrac{\pi}{2}\right)\right] \quad [A]$$

El signo menos indica un desfasaje de 180°.

8.2. Variación temporal espacial

La ecuación anterior [A] es una variación de onda estacionaria que varía en el tiempo y en el espacio.

Si $\omega t = 0 \rightarrow E_T = 0$

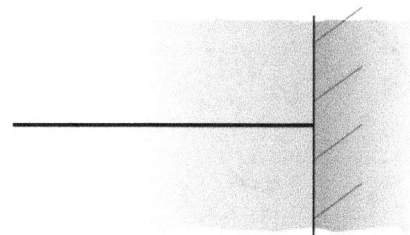

Si $\omega t = \pi/2 \quad \Rightarrow \quad E_T = -2E_i\left[\text{sen}\, \beta x \cdot (-1)\right]$

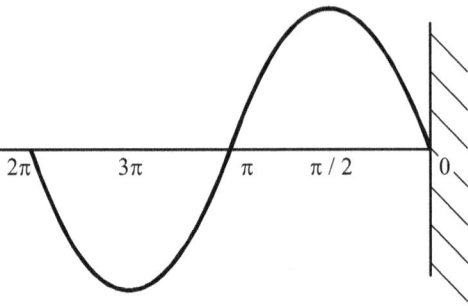

Si $\omega t = 3\pi/2$ $E_T = -2 E_i \left[\operatorname{sen} \beta x \, (+1) \right]$

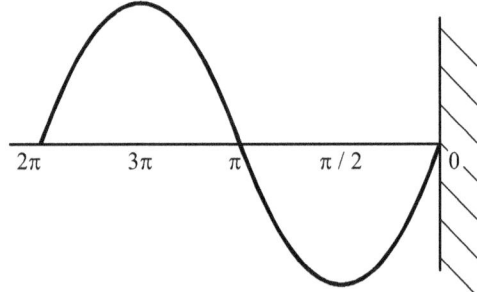

Al tomar ωt distintos valores intermedios, por ejemplo entre 0 y $\pi/2$:

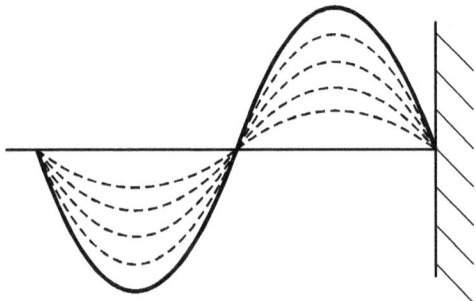

Como el tiempo es de una variación continua, da una onda estacionaria.

Se llama onda estacionaria pues siempre tiene máximos y mínimos definidos en el mismo valor de βx.

CAPITULO 8: Incidencia normal sobre un conductor

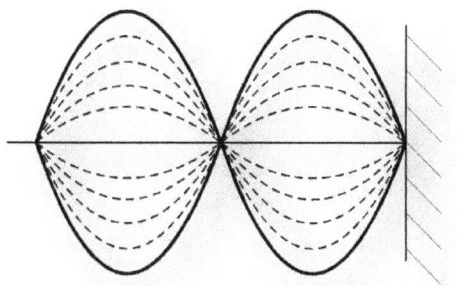

Para el campo magnético.

$$H_T = C'_1 \cdot e^{j(\omega t - \beta x)} + C'_2 e^{j(\omega t + \beta x)}$$

Siendo:

$$C'_1 = \frac{C_1}{\eta} \qquad C'_2 = \frac{C_2}{\eta}$$

Tomando condiciones de contorno y analizando, se obtiene otra onda estacionaria:

$$H_T = 2\left[\cos \beta x \cdot \cos \omega t\right]$$

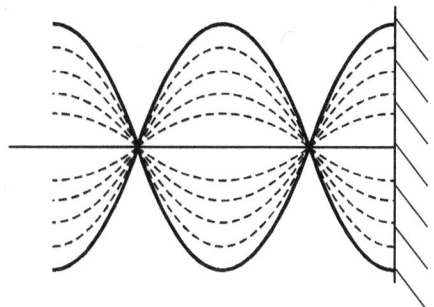

Para el análisis del campo eléctrico:

Si:

$$\beta x_1 = \frac{\pi}{2} = \frac{2\pi}{\lambda} x_1 \Rightarrow x_1 = \frac{\lambda}{4}$$

x_1 tomando $\pi/2$ (se tiene un máximo) equivale a $\lambda/4$.

Se repite en todos los valores impares de $\pi/2$.

El valor mínimo se tendrá en:

$$\beta x_2 = \pi = \frac{2\pi}{\lambda} x_2 \Rightarrow x_2 = \frac{\lambda}{2}$$

En valores pares de $\lambda/2$ siempre se tiene una onda de amplitud mínima en la componente de campo eléctrico.

En la onda estacionaria, cada $\lambda/2$ se repiten ceros o máximos.

8.3. Ubicación de vientres y nodos

Para el cálculo del campo eléctrico total variable en el tiempo:

$$E_T = E_i\, e^{j(\omega t - \beta x)} + E_r\, e^{j(\omega t + \beta x)}$$

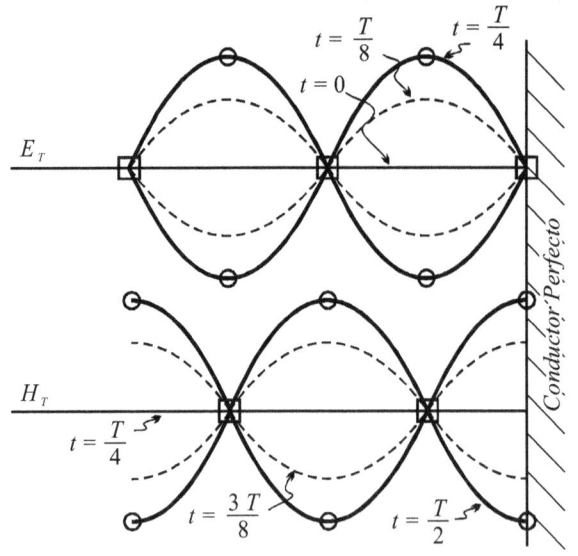

Por las condiciones de contorno, la componente tangencial de E debe ser continua al atravesar la superficie límite de medios y E es cero en el interior del conductor; la componente tangencial de E en el aire y junto a la superficie límite, debe ser también cero. Esto requiere que en $X = 0$ sea:

$$E_T \big|_{x=0} = E_i + E_r = 0$$

$$\boxed{E_i = -E_r}$$

8.4 PREGUNTAS DE REPASO/EXAMEN

1) Indicar lo que sucede con la componente del campo eléctrico de una onda electromagnética (OEM) al incidir de manera perpendicular o normal sobre una superficie conductora.

2) Indicar lo que sucede con la componente del campo magnético de una OEM al incidir de manera perpendicular o normal sobre una superficie conductora.

3) Definir el concepto de impedancia superficial.

4) Indicar el valor de la impedancia superficial.

5) Definir e indicar el valor del coeficiente de reflexión del vector campo eléctrico entre los medios dieléctrico/conductor.

6) Definir e indicar el valor del coeficiente de reflexión del vector campo magnético entre los medios dieléctrico/conductor.

7) Indicar los valores mínimo, máximo y óptimo que puede tomar el coeficiente de reflexión. ¿Cuándo se da cada uno de los casos mencionados?

8) Definir e indicar el valor del coeficiente de refracción del vector campo eléctrico entre los medios dieléctrico/conductor.

9) Definir e indicar el valor del coeficiente de refracción del vector campo magnético entre los dos medios dieléctrico/conductor.

10) Indicar los valores mínimo, máximo y óptimo que puede tomar el coeficiente de refracción. ¿Cuándo se da cada uno de los casos mencionados?

11) Indicar las condiciones de continuidad en la región de frontera de dos medios dieléctrico/conductor.

Capítulo 9

Diagrama de Crank

9.1. DEFINICIÓN

Método geométrico para determinar el valor de:

$$E_T = E_i\, e^{-j\beta z} + E_r\, e^{+j\beta z}$$

Al obtener el valor: $E_T = f(z)$ se logra determinar la distribución del campo total (onda estacionaria) en un medio con reflexiones.

9.2. CONCEPTO

Para lograr la composición vectorial, el ángulo que separa a E_i de E_r es $2\beta z$.

El método consiste en trazar una circunferencia de radio E_i y otra circunferencia de radio E_r.

A partir de allí se traza el ángulo de E_r para $2\beta z = 0$ (límite de los dos medios) y obtener un punto de intersección con la circunferencia Er; a partir de allí se une el extremo de E_i con dicho punto. El segmento así determinado da una idea de la magnitud de E_T.

El vector incidente E_i es arbitrariamente mantenido estacionario, de manera que para mantener las verdaderas posiciones de fase relativas entre E_i y E_r, el vector E, debe ser rotado dos veces el ángulo βZ en sentido horario.

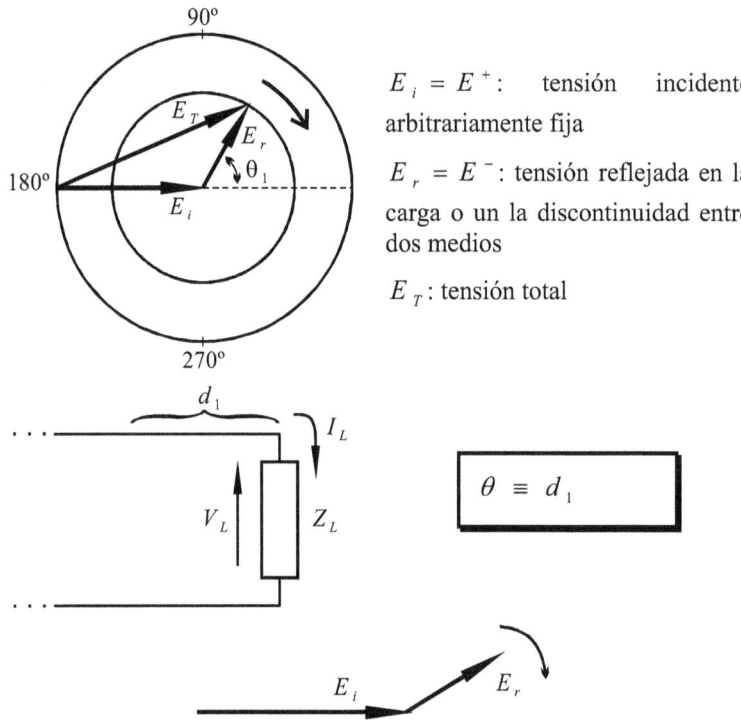

$E_i = E^+$: tensión incidente arbitrariamente fija

$E_r = E^-$: tensión reflejada en la carga o un la discontinuidad entre dos medios

E_T: tensión total

$$\theta \equiv d_1$$

Esta equivalencia entre rotación (θ) y desplazamiento (z) permite obtener un modelo de onda estacionaria.

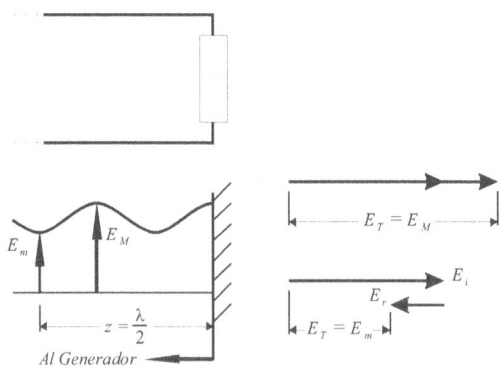

CAPITULO 9: Diagrama de Crank

Se definen:

Coeficiente de reflexión:

$$\Gamma_E = \frac{E_r}{E_i} = \frac{\eta_2 - \eta_1}{\eta_2 + \eta_1}$$

Relación de onda estacionaria:

$$\rho = \frac{E_M}{E_m} = \frac{E_i + E_r}{\eta_2 + \eta_1}$$

El análisis del teorema del coseno permite realizar la suma de dos vectores que no son paralelos.

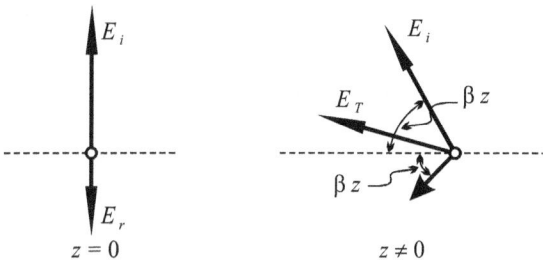

$$E_T = \left[E_i^2 + E_r^2 + 2 E_r E_i \cos(\theta_r - \theta_z) \right]^{\frac{1}{2}}$$

E_T campo incidente

$E_i = E^+$ campo incidente

$E_r = E^-$ campo reflejado

$\theta_z = 2\beta z$

Método de cálculo:

a) Teniendo las 2 impedancias η_1 y η_2 de los 2 medios (calculados por las constantes características μ, ε y (σ) se saca Γ_E en forma polar.

Se calcula $E_r = \Gamma_E \cdot E_i$

b) Se representa a E_i en el radio de la circunferencia.
c) Se ubica el centro que corresponde al módulo de ME calculado y se traza una línea radial en un ángulo igual al argumento de ME (sentido antihorario)
d) Se construye el triángulo con E_i, E_r y E_T.
e) Se avanza en sentido horario un ángulo $2\beta Z$ (esto equivale a girar E_i y E_r). Midiendo E_T se calcula su magnitud en función del valor relativo de E_i.
f) E_T será máximo cuando:

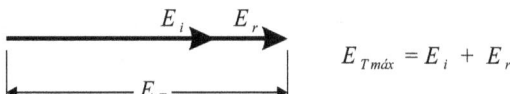

$$E_{T\,máx} = E_i + E_r$$

g) E_T será mínimo cuando:

$$E_{T\,mín} = E_i - E_r$$

h) El coeficiente de reflexión:

$$\Gamma_E = \frac{\eta_2 - \eta_1}{\eta_2 + \eta_1} = \frac{E_r}{E_i} = \frac{E^-}{E^+}$$

i) La relación de onda estacionaria:

$$\rho = \frac{E_i + E_r}{E_i - E_r} = \frac{1 + |\Gamma_E|}{1 - |\Gamma_E|} = \frac{E_M}{E_m}$$

Ejemplo:

Realizar un modelo de distribución del campo eléctrico total (onda estacionaria) por medio del diagrama de Crank.

Datos: $\eta_1 = 377\,\Omega$ $\eta_2 = 188,5 + j\,188,5$ $f = 300\,MHz$

CAPITULO 9: Diagrama de Crank

$$C_{\eta 1} = 3 \times 10^8 \, \frac{m}{s} \qquad E_i = 100 \, \frac{V}{m}$$

Cálculo analítico:

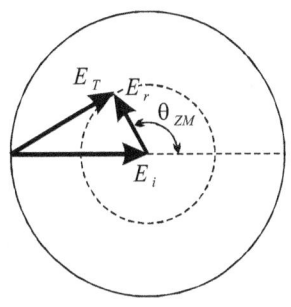

$$\begin{cases} \theta_{Z\,máx} = 117° \\ E_M = 100 + 44,7 = 144,7 \quad V/m \\ \theta = 2\beta Z \Rightarrow Z_{máx} = \theta_{Z\,máx}/2\beta = 16,1 \, cm \end{cases}$$

$$\begin{cases} \theta_{Z\,mín} = 117° + 180° = 297° \\ E_m = 100 - 44,7 = 55,7 \quad V/m \\ Z_{mín} = \theta_{Z\,mín}/2\beta = 41,1 \, cm \end{cases}$$

$$\rho = \frac{E_M}{E_m} = 2,636$$

Cálculo analítico

$$E_T = \sqrt{E_i^2 + E_r^2 \, 2E_i E_r \cos(\theta_r - \theta_z)}$$
$$= \sqrt{11989 \, (V/m)^2 + 8940 \, (V/m)^2 \cos(117° - \theta_z)}$$

$$E_M \Rightarrow \cos(\ ) = 1 \qquad E_M = 144,7 \quad V/m$$
$$E_m \Rightarrow \cos(\ ) = -1 \qquad E_m = 55,3 \quad V/m$$

$\theta_z \, [°]$	0	45	90	135	180	225	270	312	360
$E_T \, [V/m]$	89	122	141	143	126	96	63	59	89

9.3 PLANILLA DE CÁLCULO

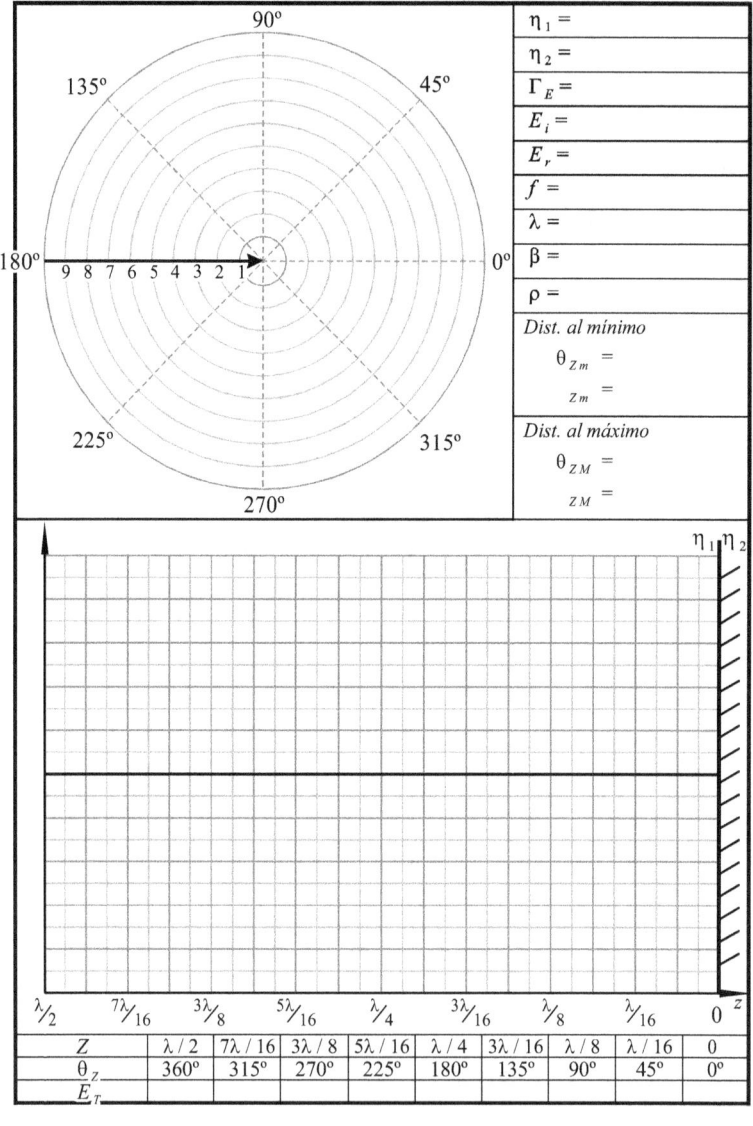

9.4 PREGUNTAS DE REPASO/EXAMEN

1) Definir el concepto del diagrama de Crank.

2) ¿Qué condiciones se deben respetar para trabajar en el diagrama de Crank?

3) Indicar la expresión de cálculo del campo total a lo largo de una línea de transmisión.

4) Indicar la forma de cálculo del campo total en el diagrama de Crank.

5) Indicar la expresión de cálculo de la distancia desde la carga al primer mínimo de tensión a lo largo de una línea de transmisión.

6) Indicar la expresión de cálculo de la distancia desde la carga al primer máximo de tensión a lo largo de una línea de transmisión.

7) Definir la Relación de Onda Estacionaria ROE en función de los valores de la tensión a lo largo de una línea de transmisión.

8) Definir la Relación de Onda Estacionaria ROE en función de los valores del coeficiente de reflexión de tensión.

9) Indicar los valores mínimo, máximo y óptimo que puede tomar el coeficiente de reflexión de tensión.

10) Indicar los valores mínimo, máximo y óptimo que puede tomar la Relación de Onda Estacionaria ROE.

11) Si en el diagrama de Crank se plantea el giro en sentido opuesto de las dos componentes de tensión (incidente y reflejada) en su análisis a lo largo de la línea de transmisión, ¿cómo resuelve Crank esta movilidad simultánea y con sentidos de giro opuestos de ambos vectores?

Capítulo 10

Carta Circular (Ábaco de Smith)

10.1. DEFINICIÓN

Es un diagrama que contiene todos los valores posibles de impedancia normalizada.

$$\Gamma = \frac{z - z_0}{z + z_0} \qquad z = z_0 \frac{1+\Gamma}{1-\Gamma} \tag{1}$$

Al ser números complejos:

$$\Gamma = \mu + j\phi = |\Gamma| \, e^{j\phi}$$

$$Z = R + jX \quad \Rightarrow \quad z = \frac{Z}{z_0} = \frac{\eta_2}{\eta_1} = r + jx$$

Concepto: Es un diagrama definido para el plano de ρ compuesto por ejes perpendiculares entre sí (uno imaginario (v) y otro real (μ))

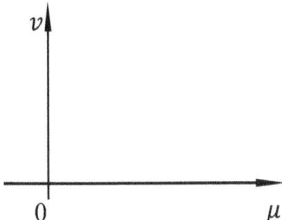

$$\rho = |\rho| \cdot e^{j\phi} = \mu + jv$$

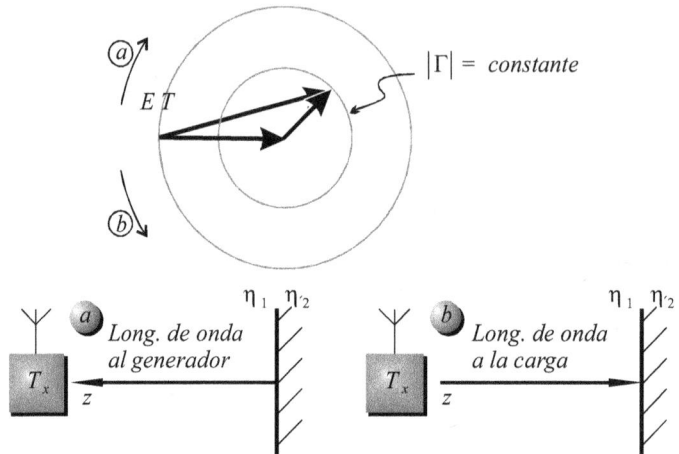

A los fines que el diagrama sea universal, se deben normalizar las impedancias:

$$Z = \frac{Z}{Z_0} = \frac{R + jX}{Z_0} = \frac{R}{Z_0} + j\frac{X}{Z_0} = r + jx$$

Para trabajar en la carta circular se deben cumplir dos condiciones:
- Trabajar con valores normalizados de impedancia.
- Suponer atenuación nula ($\alpha = 0$)

Impedancias y admitancias.

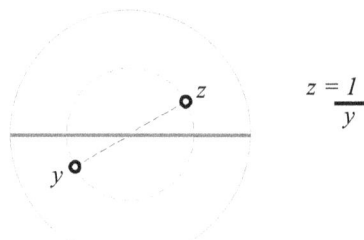

$$z = \frac{1}{y}$$

Distribución de campos:

$$\Gamma_E = \frac{\eta_2 - \eta_1}{\eta_2 + \eta_1} = |\Gamma| e^{j\theta_r}$$

CAPITULO 10: Carta circular (Ábaco de Smith)

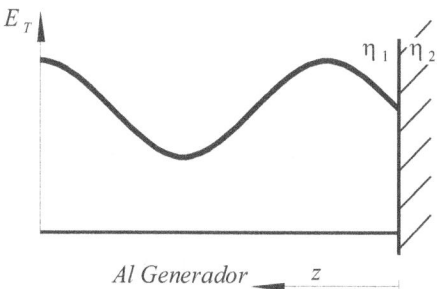

10.2. ECUACIONES PARA LA CONSTRUCCIÓN DE LA CARTA CIRCULAR

Normalizar es dividir todas las impedancias por Zo que es la impedancia característica.

$$\frac{Z}{Z_0} = \frac{R + jX}{Z_0} = \frac{R}{Z_0} + j\frac{X}{x_0} = r + jx = z$$

r: resistencia normalizada

x: reactancia normalizada

z: impedancia normalizada

Operando en (1):

$$z = \frac{Z}{Z_0} = \frac{1+\Gamma}{1-\Gamma} = \frac{1+u+jv}{1-u-jv} = r + jx$$

Racionalizando:

$$r + jx = \frac{1+u+jv}{1-u-jv} \cdot \frac{1-u+jv}{1-u+jv} = \frac{1 - \cancel{u} + jv + \cancel{u} - u^2 + \cancel{juv} + jv - \cancel{juv} - v^2}{[(1.u)^2 + v^2]} =$$

$$= \frac{1 - u^2 - v^2 + j2v}{[\ ]}$$

Igualando partes real e imaginaria:

$$r = \frac{1 - u^2 - v^2}{[(1-u)^2 + v^2]} \quad (2) \qquad x = \frac{2v}{[(1-u)^2 + v^2]} \quad (3)$$

Se tienen r y x normalizados en función de Γ

Resta determinar las ecuaciones de circunferencia.

$(u - a)^2 + (v - b)^2 = R^2$

Para a partir de allí construir la carta circular.

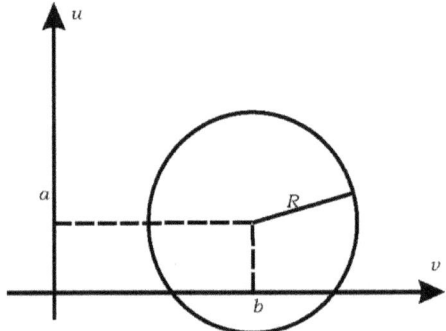

Para la ecuación de circunferencia <u>r</u> de 2)

$r[(1 - u)^2 + v^2] = 1 - u^2 - v^2$

$r(1 - 2u + u^2 + v^2) = 1 - u^2 - v^2$

$r - 2ur + u^2 r + v^2 r - 1 + u^2 + v^2 = 0$

$r - 1 - 2ur + u^2(r + 1) + v^2(r + 1) - 1 = 0$

$\dfrac{r - 1}{r + 1} - \dfrac{2ur}{r + 1} + u^2 + v^2 = 0$

$\dfrac{r - 1}{r + 1} + (u - \dfrac{r}{r + 1})^2 - (\dfrac{r}{r + 1})^2 + v^2 = 0$

CAPITULO 10: Carta circular (Ábaco de Smith)

$$(u - \frac{r}{r1})^2 + v^2 = (\frac{r}{r+1})^2 - \frac{r-1}{r+1} = \frac{r^2 - r^2 + 1}{(r+1)^2} = (\frac{1}{r+1})^2$$

$$\boxed{(u - \frac{r}{r+1})^2 + v^2 = (\frac{1}{r+1})^2}\quad (4)$$

Haciendo lo mismo para $\underline{x}$ en 3):

$$x[(1-u)^2 + v^2] = 2v$$

$$x(1 - 2u + u^2 + v^2) = 2v$$

$$x - 2ux + u^2 x + v^2 x - 2v = 0$$

$$\underbrace{1 - 2u + u^2}_{} + v^2 - 2\frac{v}{x} = 0$$

$$\underbrace{(u-1)^2}_{} + (v - \frac{1}{x})^2 - (\frac{1}{x})^2 = 0$$

$$\boxed{(u-1)^2 + (v - \frac{1}{x})^2 = (\frac{1}{x})^2} \quad (5)$$

10.3 CONSTRUCCIÓN DE LA CARTA CIRCULAR

Las ecuaciones 4) y 5) permiten hallar en el plano $\Gamma = u + jv$ los lugares geométricos de los valores de $\underline{r}$ y $\underline{x}$.

Para graficar $\underline{r}$: de 4)

$\dfrac{r}{0}$	$\dfrac{u}{0}$	$\dfrac{v}{0}$	$\dfrac{R}{1}$
$\dfrac{1}{3}$	$\dfrac{1}{4}$	0	$\dfrac{3}{4}$
2	$\dfrac{2}{3}$	0	$\dfrac{1}{3}$
8	1	0	0
1	$\dfrac{1}{2}$	0	$\dfrac{1}{2}$
$\dfrac{1}{2}$	$\dfrac{1}{3}$	0	$\dfrac{1}{3}$

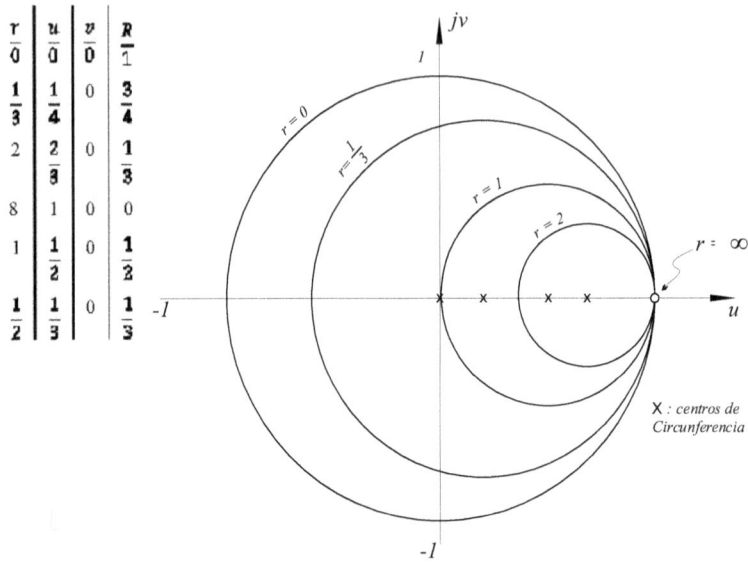

X : centros de Circunferencia

Tabulando el eje de abcisas en valores de $r = \dfrac{R}{Z_0}$

$r = 0$ ———————— $r = 1$ ———————— $r = \infty$

Para distintos valores de r se tendrá:

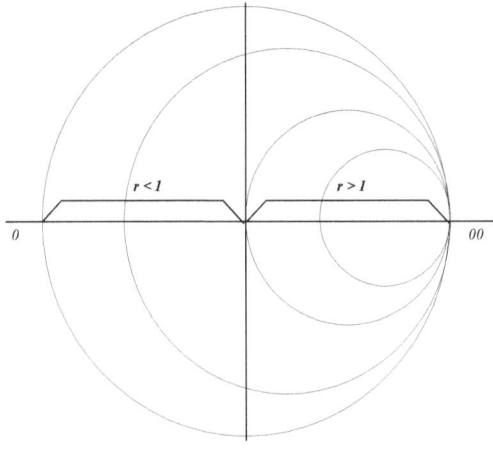

CAPITULO 10: Carta circular (Ábaco de Smith)

Se ve que:

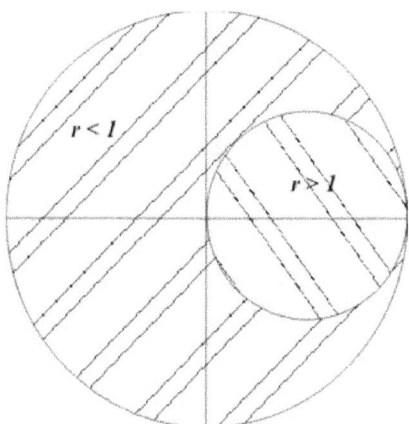

Haciendo un análisis similar para la reactancia normalizada $x = \dfrac{X}{Z_0}$ y dándole valores a $\underline{x}$ en 5).

x	u	v	R
0	1	00	00
±0,2	1	±5	5
±0,5	1	±2	2
±1	1	±1	1
±2	1	±$\frac{1}{2}$	$\frac{1}{2}$
±00	1	0	0

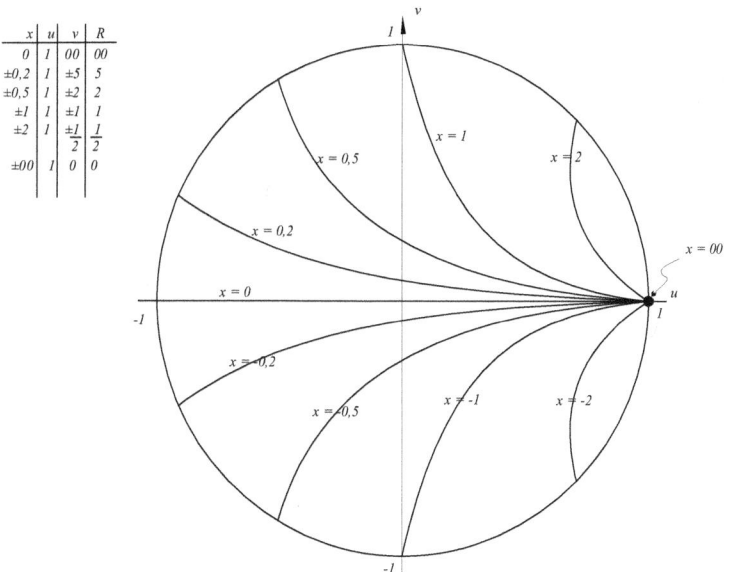

En el semiplano superior se tienen reactancias desde 0 a ∞ (inductivas) y en el inferior de 0 a -∞ (capacitivas).

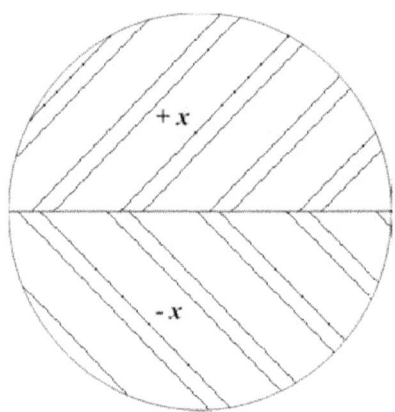

10.4 COORDENADAS DE LA INPEDANCIA NORMALIZADA

Una impedancia normalizada estará ubicada en los puntos respecto la interacción de $\underline{r}$ y $\underline{x}$.

Ejemplos: $Z_0 = 50\,\Omega$

$$Z_1 = 20 + j50 \rightarrow z_1 = 0,4 + j1$$
$$Z_2 = 40 - j100 \rightarrow z_2 = 0,8 - j2$$

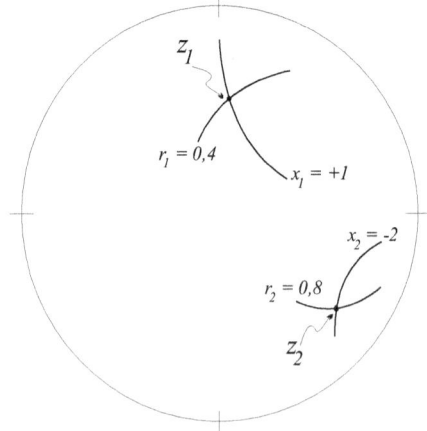

10.5 COORDENADAS DE LA ADMITANCIA NORMALIZADA

$$\text{definiendo}: y = \frac{1}{z} \text{ resulta :}$$

$$y = \frac{1}{z} = \frac{1}{r + jx} = g - js$$

De tal forma que realizando una circunferencia sobre un determinado radio desde el punto r + jx y centrada en z = 1 + jo, girando media vuelta en la carta ($\lambda/2$) se tendrá el valor g – js

Ejemplo:

$Z_0 = 50\Omega$

$Z = 50 + j50 \rightarrow z = 1 + j1$

$$y = \frac{1}{y} = 0,5 - j0,5$$

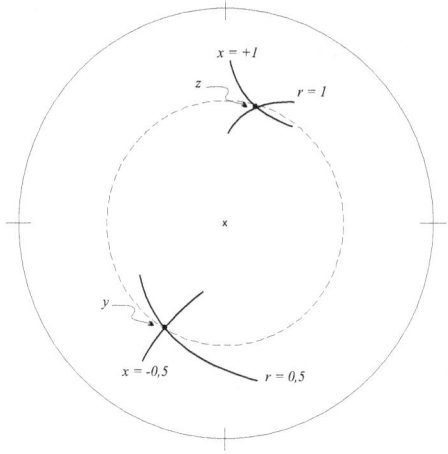

10.6 COEFICIENTE DE REFLEXIÓN: Γ

Como los valores de impedancia normalizada están en el plano Γ = u + jv, se define el valor del módulo y del argumento.

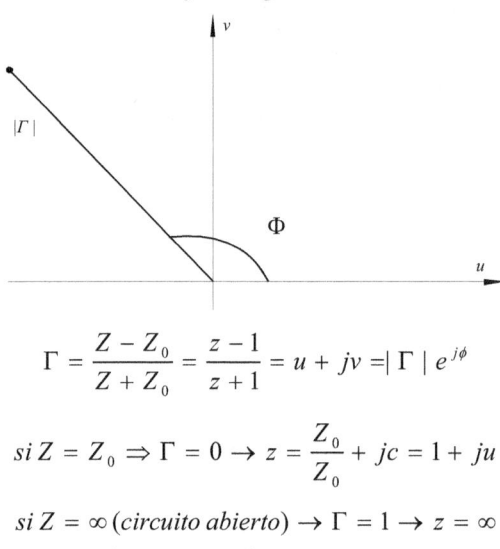

$$\Gamma = \frac{Z - Z_0}{Z + Z_0} = \frac{z - 1}{z + 1} = u + jv = |\Gamma| e^{j\phi}$$

$$si\ Z = Z_0 \Rightarrow \Gamma = 0 \rightarrow z = \frac{Z_0}{Z_0} + jc = 1 + ju$$

$$si\ Z = \infty\ (circuito\ abierto) \rightarrow \Gamma = 1 \rightarrow z = \infty$$

$$si\ Z = 0\ (cortocircuito) \rightarrow \Gamma = -1 \rightarrow z = 0$$

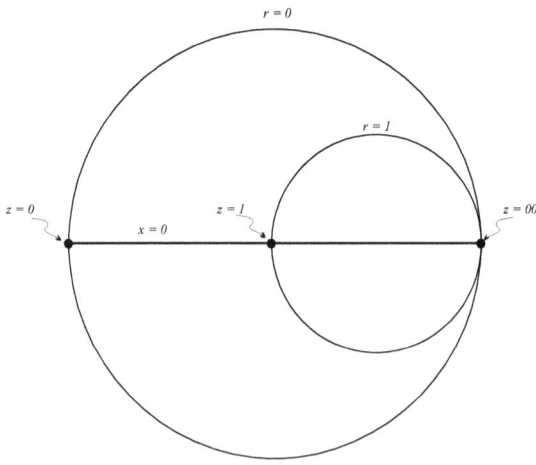

La magnitud del $|\Gamma|$ es la relación:

$$|\Gamma| = \frac{RADIO\ HASTA\ EL\ PUNTO}{RADIO\ EXTERIOR\ DE\ LA\ CARTA} = \frac{A}{B}$$

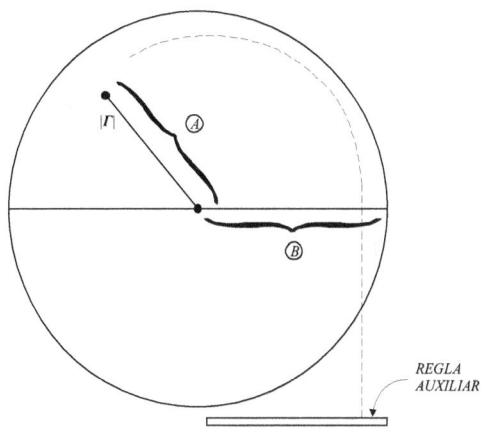

Si el radio de la carta es de valor unitario (B=1)

$$|\Gamma| = \text{longitud A})$$

Ejemplo: calcular Γ de: $Z_L = 25 - j100$ y $Z_0 = 50 + j0$

$$y = r + jx = \frac{Z_L}{Z_0} = \frac{25 - j100}{50 + j0} = 0,5 - j2$$

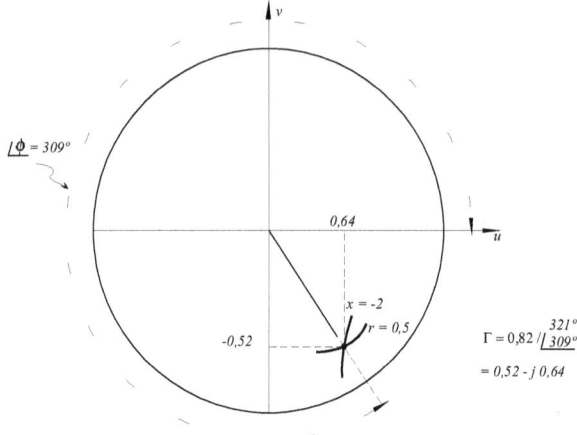

Como una de las condiciones impuestas para la construcción del ábaco es que la línea sea sin pérdidas:

$$\alpha = 0 \rightarrow e^{2\alpha x} = 1 \rightarrow |\Gamma| = CONSTANTE$$

En la carta circular la circunferencia que se construye $|\Gamma|$ = Constante, tendrán los mismos valores de coeficiente de reflexión (su módulo)

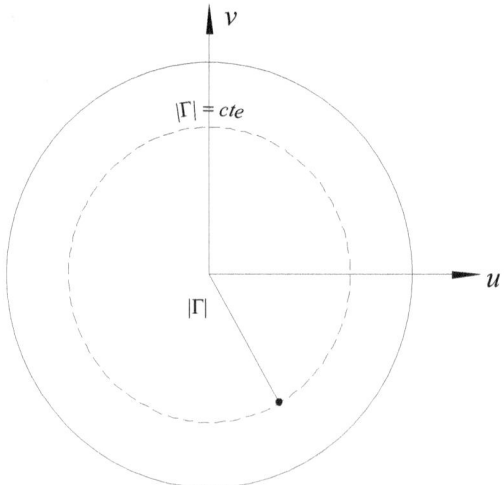

10.7 LONGITUD DE ONDA

La carta no analiza la fase inicial de un punto, sino que valores relativos entre dos puntos cualquiera de la línea. Esta fase depende de la distancia.

A los fines del análisis a lo largo de una línea, se fija la fase inicial que puede ser o no la de la carga.

La escala exterior del ábaco es en valores graduados que están en función de la distancia.

En la carta, suponiendo: $X = \dfrac{\lambda}{8}$

$$2\beta x = 2 \cdot \dfrac{2\pi}{\lambda} \cdot \dfrac{\lambda}{\varepsilon} = \dfrac{\pi}{2}$$

Significa que en el análisis de fase, la posición $\dfrac{\pi}{2}$ radianes equivale a $\lambda/8$.

Para: $x = \dfrac{\lambda}{4} \rightarrow 2\beta x = \pi$

$x = \dfrac{3\lambda}{8} \rightarrow 2\beta x = \dfrac{3\pi}{2}$

$x = \dfrac{\lambda}{2} \rightarrow 2\beta x = 2\pi$

En la carta circular se considera a la escala de 1 en sentido opuesto de giro y comenzando desde el otro extremo.

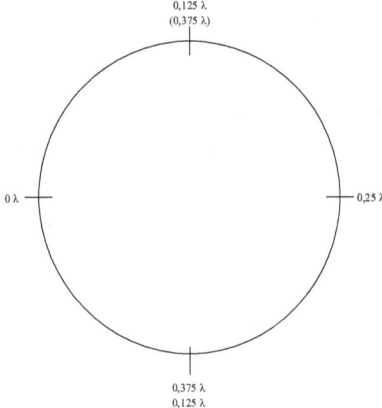

Se empieza en 0λ a la izquierda para evidenciar la arbitrariedad del origen de fase, pues acá se trabaja con fases relativas entre dos puntos.

Interesa solamente $\lambda/2$ pues es onda estacionaria y se repite en el espacio.

Se puede considerar hacia uno u otro sentido.

Se define:

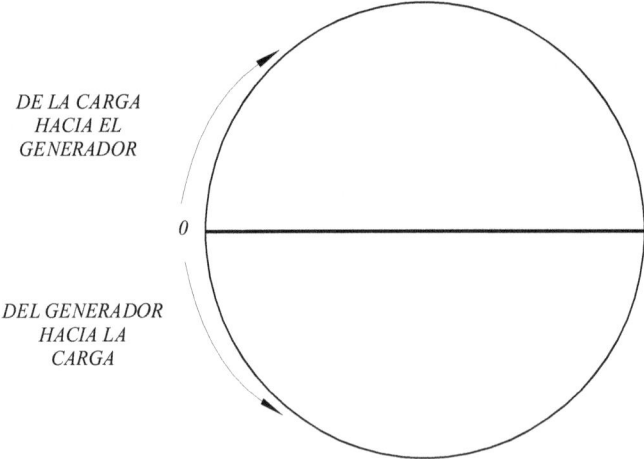

10.8 RELACIÓN DE ONDA ESTACIONARIA

$$ROE = \frac{E_{MAX}}{E_{min}} = \frac{1+\Gamma}{1-\Gamma} = \frac{Z}{Z_0} = z$$

Es decir que la ROE es una impedancia estacionaria normalizada. Como V_i y V_r están en fase es resistiva pura (no hay componentes reactivos: x = 0)

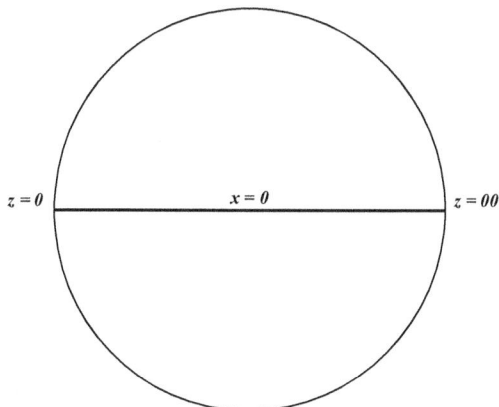

Para el valor de ρ:

Si: $E_{MAX} = E_{min} \rightarrow \rho = 1$

No hay onda estacionaria: no se tiene reflexión.

Si: $E_{min} = 0 \Rightarrow hay : \rho = \frac{E_{MAX}}{E_{min}} = \frac{E_{MAX}}{0} = \infty$

Hay reflexión total:

Por lo que la variación de ρ es de 1 a ∞. En la carta:

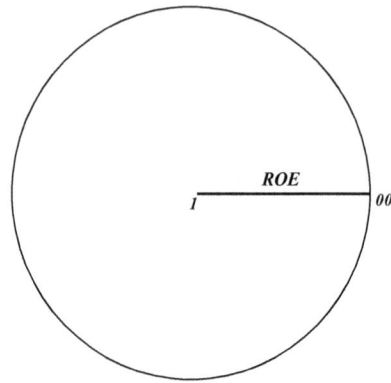

Ejemplo: Determinar la ROE de una impedancia $Z = 25 - j100$

$Z_0 = 50 + j0$

$z = 0,5 - j2$

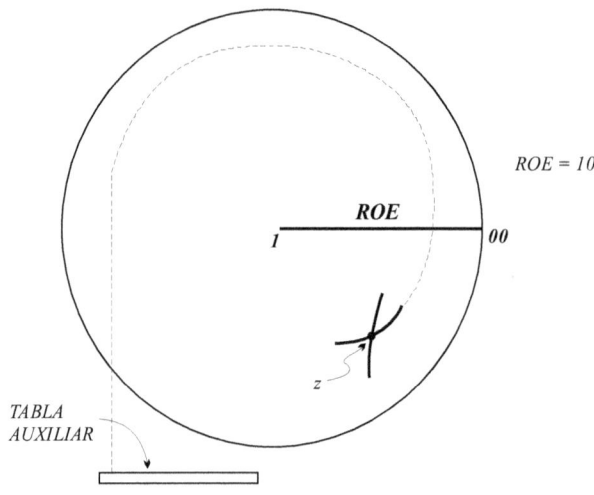

CAPITULO 10: Carta circular (Ábaco de Smith)

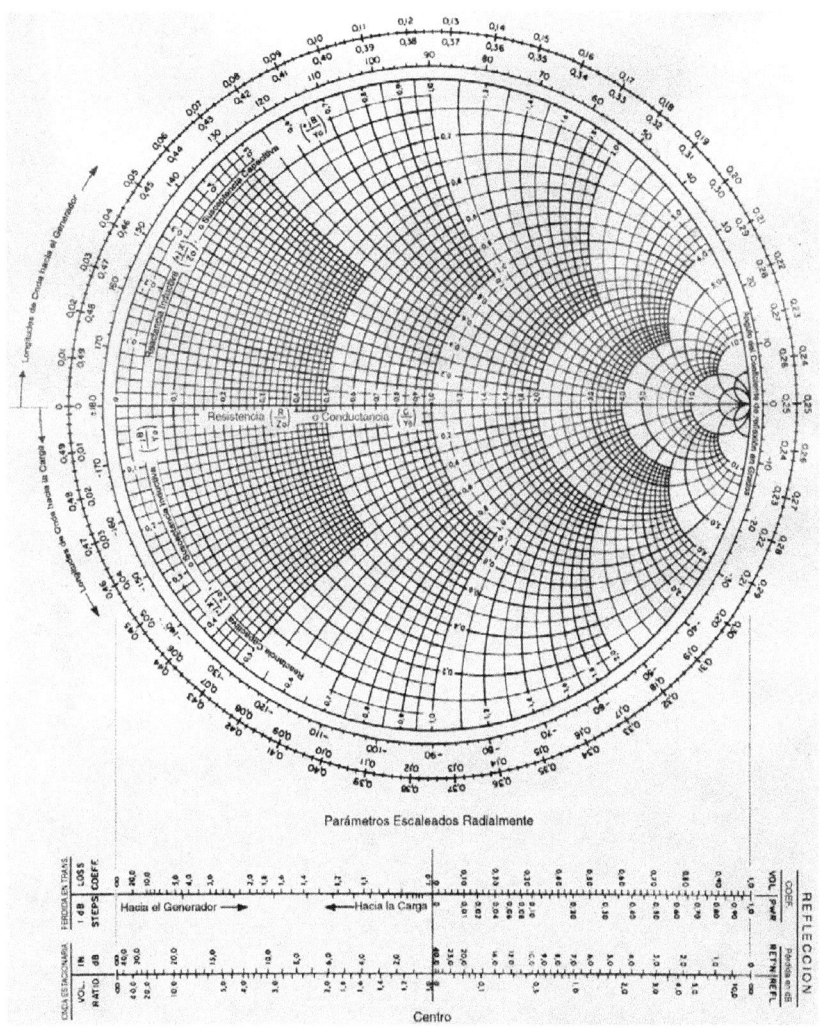

Capítulo 11

INCIDENCIA OBLICUA SOBRE UN CONDUCTOR

11.1. INTRODUCCION

Cuando una onda incide oblicuamente sobre la superficie límite separadora de dos medios, es necesario considerar por separado dos casos especiales:

a) El vector eléctrico es paralelo a la superficie límite de medios o perpendicular al plano de incidencia (el plano de incidencia es aquel que contiene al rayo incidente y a la normal de la superficie). Este caso se llama **polarización horizontal** o, más propiamente, **paralela**, pues una onda procedente de una antena horizontal producirá esta orientación particular.

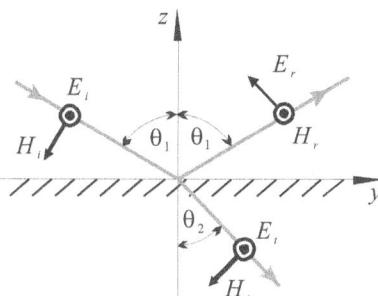

b) El vector magnético es paralelo a la superficie límite de medios y el vector eléctrico es paralelo al plano de incidencia. Este caso se llama **polarización vertical** o, más propiamente, **perpendicular**.

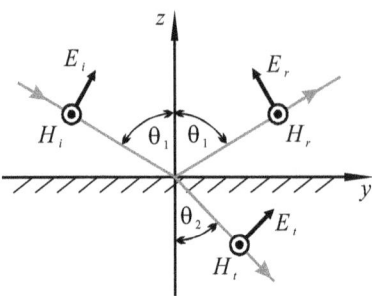

Si el conductor es perfecto, toda la señal incidente será reflejada (no hay refracción).

1º caso: "E" perpendicular al plano de incidencia.

Como estas dos ondas tienen igual longitud de onda y direcciones opuestas según el eje "z", habrá una distribución de onda estacionaria a lo largo de este eje. En la dirección "y", tanto la onda incidente como la reflejada avanzan hacia la derecha con igual velocidad y longitud de onda, por lo que habrá una onda progresiva en el sentido positivo de "y".

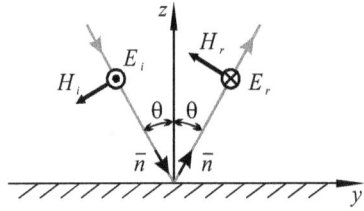

2º caso: "E" paralelo al plano de incidencia.

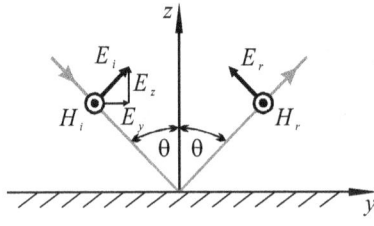

CAPITULO 11: Incidencia oblicua sobre un conductor

Las componentes de *"E"* paralelas a una superficie perfectamente conductora, deben ser iguales y opuestas. El vector *"H"* se reflejará sin inversión de fase, como indicaría el análisis de la dirección.

11.2. PRINCIPIO

Analizando la reflexión oblicua con onda plana polarizada horizontalmente:

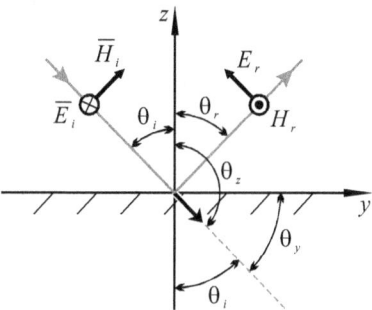

Como por definición: $\theta_i = \theta_r$, se tiene:

$\alpha_x = 90°$ $\qquad \alpha_y = 90° - \theta_i$ $\qquad \alpha_z = 180° - \theta_i$

$\cos\alpha_x = 0$ $\qquad \cos\alpha_y = \operatorname{sen}\theta_i$ $\qquad \cos\alpha_z = -\cos\theta_i$

Con lo que:

$$E_i = \hat{E}_1\, e^{j[\omega t - \beta(y\,\operatorname{sen}\theta_i - z\,\cos\theta_i)]}$$

Para el campo reflejado:

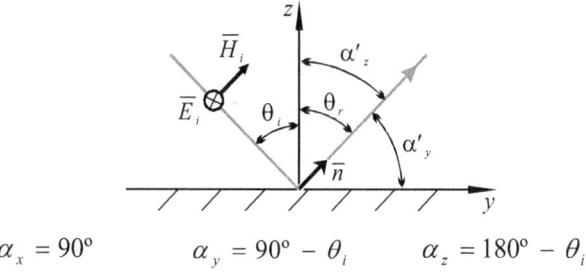

$\alpha_x = 90°$ $\qquad \alpha_y = 90° - \theta_i$ $\qquad \alpha_z = 180° - \theta_i$

$$\cos\alpha_x = 0 \qquad \cos\alpha_y = \operatorname{sen}\theta_i \qquad \cos\alpha_z = -\cos\theta_i$$

Con lo que:
$$E_r = \hat{E}_2\, e^{j\left[\omega t - \beta(y\,\operatorname{sen}\theta_i - z\cos\theta_i)\right]}$$

E_2 pues puede haber absorción de potencia al producirse la reflexión, en cuyo caso: $E_2 = E_1$

Si el conductor es perfecto: $E_2 = E_1$

La componente total de campo eléctrico:
$$E_T = E_i + E_r$$
$$E_T = \hat{E}_1\, e^{j\left[\omega t - \beta(y\,\operatorname{sen}\theta_i - z\cos\theta_i)\right]} + \hat{E}_2\, e^{j\left[\omega t - \beta(y\,\operatorname{sen}\theta_i - z\cos\theta_i)\right]}$$

El signo negativo en el exponencial de E_2 se conserva pues la propagación sigue en el mismo sentido.

Analizando las condiciones de contorno:
$$E_T = \hat{E}_1\, e^{j\left[\omega t - \beta(y\,\operatorname{sen}\theta_i - z\cos\theta_i)\right]} + \hat{E}_2\, e^{j\left[\omega t - \beta(y\,\operatorname{sen}\theta_i - z\cos\theta_i)\right]} = 0$$

para $z = 0$
$$\hat{E}_1 + \hat{E}_2\, e^{j\left[\omega t - \beta(y\,\operatorname{sen}\theta_i)\right]} = 0$$

donde sólo puede ser cero:
$$\hat{E}_1 + \hat{E}_2 = 0$$
$$\hat{E}_1 = -\hat{E}_2$$

Se deduce que tienen igual amplitud si el conductor es perfecto.

La ecuación resultante:
$$E_T = \hat{E}_1 \left[e^{j(\omega t - \beta y\,\operatorname{sen}\theta_i)}\right] \cdot \left[e^{-j\beta z\cos\theta_i} - e^{j\beta z\cos\theta_i}\right]$$
$$E_T = \hat{E}_1 \cdot [a] \cdot [b]$$

CAPITULO 11: Incidencia oblicua sobre un conductor

Como

$$[a] = \cos(\omega t - \beta\, y\, \text{sen}\,\theta_i)$$
$$[b] = (-2j) \cdot \text{sen}(\beta\, z\, \cos\theta_i)$$
$$j \Rightarrow \boxed{-\pi/2}$$

tomando la parte real, resulta

$$E_T = 2\hat{E}_1 \cos\left(\omega t - \frac{\pi}{2} - \beta\, y\, \text{sen}\,\theta_i\right) \cdot \text{sen}(\beta\, z\, \cos\theta_i)$$

y como

$\beta \cdot \text{sen}\,\theta_i = \beta_y$ componente de fase sobre el eje y

$\beta \cdot \cos\theta_i = \beta_z$ componente de fase sobre el eje z

resulta

$$\boxed{E_T = 2\hat{E}_1 \cos\left(\omega t - \frac{\pi}{2} - y\,\beta_y\right) \cdot \text{sen}\, z\,\beta_z}$$

11.3. ANALISIS GRAFICO

La ecuación anterior da una idea de onda estacionaria: tiene asociado tiempo y espacio, con el doble de amplitud.

Representando para $\omega t = \pi/2$, resulta:

$$\boxed{E_T = 2\hat{E}_1 \cos(-y\,\beta_y)\, \text{sen}\, z\,\beta_z}$$

Para $y \cdot \beta_y = 0$ se tiene el máximo $E_T = 2\hat{E}_1\, \text{sen}\, z\,\beta_z$

Para $y \cdot \beta_y = \dfrac{\pi}{4}$ $\Rightarrow$ $E_T = 2\hat{E}_1\, 0{,}707\, \text{sen}\, z\,\beta_z$

Para $y \cdot \beta_y = \dfrac{\pi}{2}$ se tiene el mínimo $E_T = 0$

Graficando

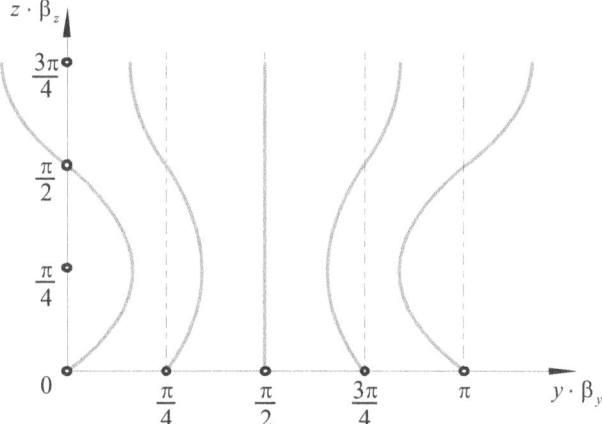

Para $\omega t = \dfrac{3\pi}{4}$ $\Rightarrow$ 135° equivale a $\dfrac{\pi}{4}$ más que para $\omega t = \dfrac{\pi}{2}$

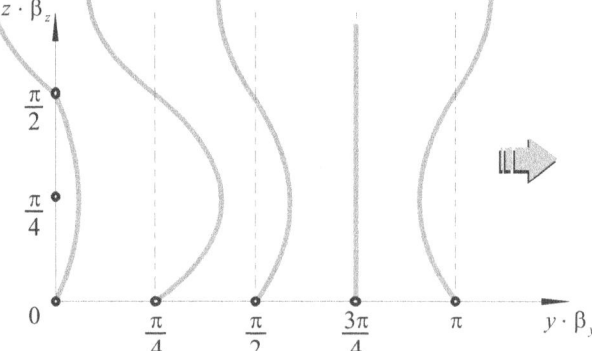

Significa que la onda se ha desplazado hacia la derecha.

Según el eje "z", es una onda estacionaria entretenida como incidencia normal a una superficie conductora.

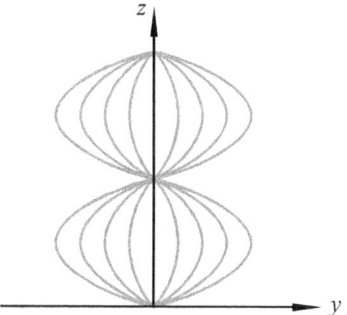

Según el eje "**y**" la onda avanza (es progresiva).

Como tiene una incidencia oblicua, al descomponer las componentes, la normal sigue como onda estacionaria mientras que la paralela va avanzando.

Si se considera que se tiene una superficie conductora perfecta y como es una onda estacionaria, siempre coinciden los valores mínimos (ceros). Se puede colocar otro elemento conductor en **AA** sin que afecte el comportamiento de la onda.

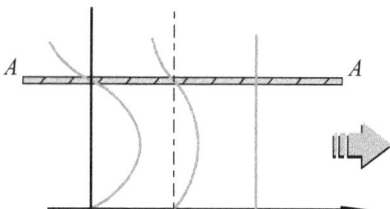

Se tiene dentro del recinto una componente de onda que va avanzando hacia la derecha. Es el principio de una **GUÍA DE ONDA**.

La incidencia oblicua sobre un conductor perfecto de una onda con polarización perpendicular, genera ondas estacionarias en el eje perpendicular al conductor y ondas progresivas en el eje paralelo al conductor.

A los fines de indicar la longitud de onda y la velocidad de propagación en función de las dimensiones físicas de la guía de onda:

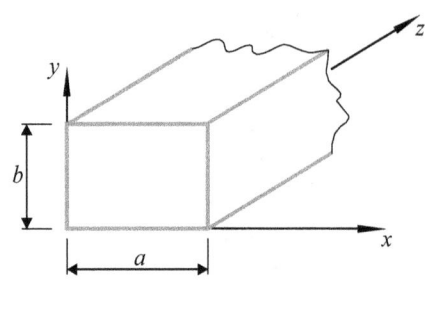

$$\overline{v} = v_p = \frac{\omega}{\beta} = \frac{\omega}{\sqrt{\omega^2 \mu \varepsilon - \left[\left(\frac{m\pi}{a}\right)^2 + \left(\frac{n\pi}{b}\right)^2\right]}}$$

$$\overline{\lambda} = \lambda_G \frac{2\pi}{\beta} = \frac{2\pi}{\sqrt{\omega^2 \mu \varepsilon - \left[\left(\frac{m\pi}{a}\right)^2 + \left(\frac{n\pi}{b}\right)^2\right]}}$$

Capítulo 12

GUÍA DE ONDA

12.1. DEFINICIÓN

Conducto metálico de sección transversal predeterminada y constante de forma rectangular, circular o elíptica, específicamente diseñada para conducir o guiar ondas electromagnéticas de alta frecuencia en su espacio interior.

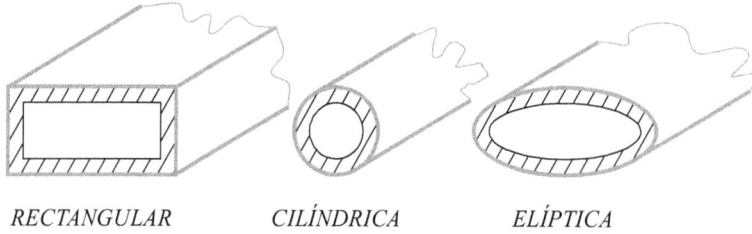

RECTANGULAR   CILÍNDRICA   ELÍPTICA

12.2. MODOS DE PROPAGACIÓN

12.2.1 Definición

Los modos de propagación se definen en una GO según sea que existan o no ciertas componentes de campo eléctrico.

Se definen los modos TE (transverso eléctrico) y TM (transverso magnético). El transversal electro-magnético no existe en una GO ($E_z = 0$; $H_z = 0$).

Estos modos de propagación indican la configuración del campo representativo del vector analizado.

TE y TM indican que dichos vectores son, respectivamente, paralelos al plano límite.

12.2.2. Modo transversal eléctrico (TE)

Las componentes de campo eléctrico no tienen valores en el sentido de propagación. Todas las componentes del campo eléctrico son transversales a dicho sentido.

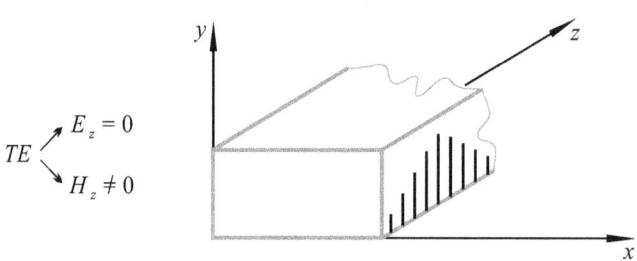

$$TE \begin{cases} E_z = 0 \\ H_z \neq 0 \end{cases}$$

12.2.3. Modo transversal magnético (TM)

No tiene componentes de campo magnético en el sentido de propagación. $TM \Rightarrow E_z = 0 \,;\, H_z = 0$

12.3. COMPONENTES ESPACIALES DE "E" y de "H"

Se buscará hallar:

$$E_x \,;\, E_y \,;\, H_x \,;\, H_y \quad \Rightarrow \quad f(E_z \,;\, H_z) \quad \Rightarrow \quad (A);(B);(C) \text{ y } (D)$$

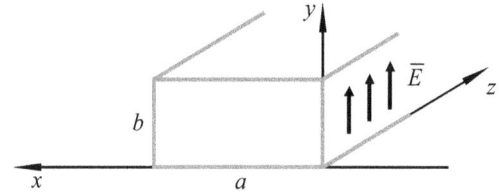

Dentro de la GO:

$$J = 0 \qquad \sigma = 0 \qquad \rho = 0$$

Las paredes tienen: $\sigma = \infty$ por lo que: $E_t = 0 \,;\, H_n = 0$

Como los campos varían armónicamente en el tiempo:

CAPITULO 12: Guía de Onda

$$E = E\, e^{j\omega t} \qquad H = H\, e^{j\omega t}$$

Las dos primeras ecuaciones de Maxwell:

$$\nabla \times H = J + \frac{\partial D}{\partial t} = \frac{\partial D}{\partial t} = \frac{\partial}{\partial t}\left(\varepsilon E\, e^{j\omega t}\right) = j\omega\varepsilon E\, e^{j\omega t}$$

$$\nabla \times E = -\frac{\partial B}{\partial t} = -\frac{\partial}{\partial t}\left(\mu H\, e^{j\omega t}\right) = -j\omega\mu H\, e^{j\omega t}$$

Analizando el rotor de H:

$$\nabla \times H = \begin{vmatrix} \overline{i} & \overline{j} & \overline{k} \\ \dfrac{\partial}{\partial x} & \dfrac{\partial}{\partial y} & \dfrac{\partial}{\partial z} \\ H_x & H_y & H_z \end{vmatrix} =$$

$$= \left(\frac{\partial H_z}{\partial y} - \frac{\partial H_y}{\partial z}\right)\overline{i} + \left(\frac{\partial H_x}{\partial z} - \frac{\partial H_z}{\partial x}\right)\overline{j} + \left(\frac{\partial H_y}{\partial x} - \frac{\partial H_x}{\partial y}\right)\overline{k} =$$

$$= j\omega\varepsilon E$$

Descomponiendo en cada componente:

$$\frac{\partial H_z}{\partial y} - \frac{\partial H_y}{\partial z} = j\omega\varepsilon E_x$$

$$\frac{\partial H_x}{\partial z} - \frac{\partial H_z}{\partial x} = j\omega\varepsilon E_y$$

$$\frac{\partial H_y}{\partial x} - \frac{\partial H_x}{\partial y} = j\omega\varepsilon E_z$$

Haciendo lo mismo para E:

$$\nabla \times E = \begin{vmatrix} \overline{i} & \overline{j} & \overline{k} \\ \dfrac{\partial}{\partial x} & \dfrac{\partial}{\partial y} & \dfrac{\partial}{\partial z} \\ E_x & E_y & E_z \end{vmatrix} =$$

$$= \left(\frac{\partial E_z}{\partial y} - \frac{\partial E_y}{\partial z}\right)\bar{i} + \left(\frac{\partial E_x}{\partial z} - \frac{\partial E_z}{\partial x}\right)\bar{j} + \left(\frac{\partial E_y}{\partial x} - \frac{\partial E_x}{\partial y}\right)\bar{k} =$$

$$= -j\omega\mu H$$

Descomponiendo en cada componente:

$$\frac{\partial E_z}{\partial y} - \frac{\partial E_y}{\partial z} = j\omega\mu H_x$$

$$\frac{\partial E_x}{\partial z} - \frac{\partial E_z}{\partial x} = -j\omega\mu H_y$$

$$\frac{\partial E_y}{\partial x} - \frac{\partial E_x}{\partial y} = -j\omega\mu H_z$$

Como la variación de los campos según z es: $e^{-\bar{\gamma}z}$ siendo $\bar{\gamma} \neq \gamma$

$$\frac{\partial H_y}{\partial z} = -\bar{\gamma} H_y \qquad \frac{\partial H_x}{\partial z} = -\bar{\gamma} H_x$$

$$\frac{\partial E_y}{\partial z} = -\bar{\gamma} E_y \qquad \frac{\partial E_x}{\partial z} = -\bar{\gamma} E_x$$

Las expresiones anteriores resultan:

$$\frac{\partial H_z}{\partial y} + \partial H_y = j\omega\varepsilon E_x \qquad [12\text{-}1]$$

$$-\bar{\gamma} H_x - \frac{\partial H_z}{\partial x} = j\omega\varepsilon E_y \qquad [12\text{-}2]$$

$$\frac{\partial H_y}{\partial x} - \frac{\partial H_x}{\partial y} = j\omega\varepsilon E_z \qquad [12\text{-}3]$$

$$\frac{\partial E_z}{\partial y} + \partial E_y = -j\omega\mu H_x \qquad [12\text{-}4]$$

$$-\bar{\gamma} E_x - \frac{\partial E_z}{\partial x} = -j\omega\mu H_y \qquad [12\text{-}5]$$

$$\frac{\partial E_y}{\partial x} - \frac{\partial E_x}{\partial y} = -j\omega\mu H_z \quad [12\text{-}6]$$

La ecuación de onda:

$$\nabla^2 E - \gamma^2 E = 0$$

$$\frac{\partial^2 E}{\partial x^2} + \frac{\partial^2 E}{\partial y^2} + \frac{\partial^2 E}{\partial z^2} - \gamma^2 E = 0$$

$$\frac{\partial^2 E}{\partial x} + \frac{\partial^2 E}{\partial y} + \overline{\gamma}^2 E - \gamma^2 E = 0$$

$$\frac{\partial^2 E}{\partial x} + \frac{\partial^2 E}{\partial y} + \left(\overline{\gamma}^2 - \gamma^2\right) E = 0$$

$$\frac{\partial^2 E}{\partial x} + \frac{\partial^2 E}{\partial y} + h^2 E = 0$$

Considerando la propagación de una onda electromagnética en el espacio libre, definimos:

$$\gamma = \alpha + j\beta = \sqrt{j\omega\mu\left(\sigma + j\omega\varepsilon\right)}$$

Para la GO donde: $\sigma = 0$

$$\gamma = j\omega\sqrt{\mu\varepsilon}$$

$$\gamma^2 = -\omega^2\mu\varepsilon$$

Por lo tanto, definimos:

$$h^2 = \overline{\gamma}^2 - \gamma^2 = \overline{\gamma}^2 + \omega^2\mu\varepsilon \quad [12\text{-}7]$$

De [12-1] y de [12-5] se despeja E_x:

$$\left(\frac{1}{j\omega\varepsilon} \cdot \frac{\partial H_z}{\partial y}\right) + \left(\frac{\overline{\gamma}}{j\omega\varepsilon} \cdot H_y\right) = E_x = \left(\frac{j\omega\mu}{\overline{\gamma}} \cdot H_y\right) - \left(\frac{1}{\overline{\gamma}} \cdot \frac{\partial E_z}{\partial x}\right)$$

$$\left(\frac{\overline{\gamma}}{j\omega\varepsilon} \cdot H_y\right) - \left(\frac{j\omega\mu}{\overline{\gamma}} \cdot H_y\right) = -\left(\frac{1}{j\omega\varepsilon} \cdot \frac{\partial H_z}{\partial y}\right) - \left(\frac{1}{\overline{\gamma}} \cdot \frac{\partial E_z}{\partial x}\right)$$

$$\left(\frac{\overline{\gamma}}{j\omega\varepsilon} - \frac{j\omega\mu}{\overline{\gamma}}\right) \cdot H_y = -\left(\frac{1}{j\omega\varepsilon} \cdot \frac{\partial H_z}{\partial y}\right) - \left(\frac{1}{\gamma} \cdot \frac{\partial E_z}{\partial x}\right)$$

Multiplicando ambos miembros por $(j\omega\mu\overline{\gamma})$

$$\left(\overline{\gamma}^2 + \omega^2\mu\varepsilon\right) \cdot H_y = -\overline{\gamma}\frac{\partial H_z}{\partial y} - j\omega\varepsilon\frac{\partial E_z}{\partial x}$$

Reemplazando [12-7]:

$$\boxed{H_y = -\frac{\overline{\gamma}}{h^2} \cdot \frac{\partial H_z}{\partial y} - \frac{j\omega\varepsilon}{h^2} \cdot \frac{\partial E_z}{\partial x}} \quad (A)$$

Despejando E_y de [12-2] y de [12-4]:

$$-\left(\frac{\overline{\gamma}}{j\omega\varepsilon} \cdot H_x\right) - \left(\frac{1}{j\omega\varepsilon} \cdot \frac{\partial H_z}{\partial x}\right) = E_y = -\left(\frac{j\omega\mu}{\overline{\gamma}} \cdot H_x\right) - \left(\frac{1}{\overline{\gamma}} \cdot \frac{\partial E_z}{\partial y}\right)$$

$$\left(\frac{\overline{\gamma}}{j\omega\varepsilon} - \frac{j\omega\mu}{\overline{\gamma}}\right) \cdot H_x = \frac{1}{\overline{\gamma}} \cdot \frac{\partial E_z}{\partial y} - \frac{1}{j\omega\varepsilon} \cdot \frac{\partial H_z}{\partial x}$$

Multiplicando ambos miembros por $(j\omega\varepsilon\overline{\gamma})$

$$\left(\overline{\gamma}^2 + \omega^2\mu\varepsilon\right) \cdot H_x = j\omega\varepsilon\frac{\partial E_z}{\partial y} - \overline{\gamma}\frac{\partial H_z}{\partial x}$$

$$\boxed{H_x = \frac{j\omega\varepsilon}{h^2} \cdot \frac{\partial E_z}{\partial y} - \frac{\overline{\gamma}}{h^2} \cdot \frac{\partial H_z}{\partial x}} \quad (B)$$

Despejando H_y de [12-1] y de [12-5]:

$$\left(\frac{j\omega\varepsilon}{\overline{\gamma}} \cdot E_x\right) - \left(\frac{1}{\gamma} \cdot \frac{\partial H_z}{\partial x}\right) = H_y = \left(\frac{\overline{\gamma}}{j\omega\mu} \cdot E_x\right) + \left(\frac{1}{j\omega\mu} \cdot \frac{\partial E_z}{\partial x}\right)$$

CAPITULO 12: Guía de Onda

$$\left(\frac{j\omega\varepsilon}{\overline{\gamma}} - \frac{\overline{\gamma}}{j\omega\mu}\right) \cdot E_x = \frac{1}{j\omega\mu} \cdot \frac{\partial E_z}{\partial x} - \frac{1}{\overline{\gamma}} \cdot \frac{\partial H_z}{\partial y}$$

Multiplicando ambos miembros por $(j\omega\mu\overline{\gamma})$

$$\left(-\omega^2\mu\varepsilon - \overline{\gamma}^2\right) \cdot E_x = \overline{\gamma} \cdot \frac{\partial E_z}{\partial x} + j\omega\mu \frac{\partial H_z}{\partial y}$$

$$\boxed{E_x = -\frac{\overline{\gamma}}{h^2} \cdot \frac{\partial E_z}{\partial x} - \frac{j\omega\mu}{h^2} \cdot \frac{\partial H_z}{\partial y}} \qquad (C)$$

Despejando H_x de [12-2] y de [12-4]:

$$\frac{-j\omega\varepsilon}{\overline{\gamma}} \cdot E_y - \frac{1}{\overline{\gamma}} \cdot \frac{\partial H_z}{\partial x} = H_x = -\frac{1}{j\omega\mu} \cdot \frac{\partial E_z}{\partial y} - \frac{\overline{\gamma}}{j\omega\mu} \cdot E_y$$

$$\left(j\omega\varepsilon - \frac{\overline{\gamma}}{j\omega\mu}\right) \cdot E_y = \frac{1}{j\omega\mu} \cdot \frac{\partial E_z}{\partial y} - \frac{1}{\overline{\gamma}} \cdot \frac{\partial H_z}{\partial x}$$

Multiplicando ambos miembros por $(j\omega\mu\overline{\gamma})$

$$\left(-\omega^2\mu\varepsilon - \overline{\gamma}^2\right) \cdot E_y = \overline{\gamma} \frac{\partial E_z}{\partial y} - j\omega\mu \frac{\partial H_z}{\partial x}$$

$$\boxed{E_y = \frac{j\omega\mu}{h^2} \cdot \frac{\partial H_z}{\partial x} - \frac{\overline{\gamma}}{h^2} \cdot \frac{\partial E_z}{\partial y}} \qquad (D)$$

Para que una onda se propague en el modo TEM en una GO, deben ser: $E_z = H_z = 0$

Si $E_z \neq 0$ y $H_z \neq 0$ $\Rightarrow$ se propagan los modos TE.

Si $E_z \neq 0$ y $H_z = 0$ $\Rightarrow$ se propagan los modos TM.

12.4. MODOS DE PROPAGACIÓN "TM"

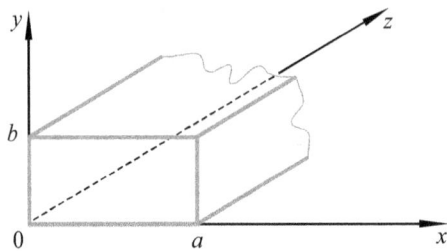

La ecuación de onda para E_z

$$\nabla^2 E_z - \gamma^2 E_z = 0$$

$$\gamma = \sqrt{j\omega\mu(\sigma + j\omega\varepsilon)}$$

Dentro de la GO: $\sigma = 0$

$$\gamma = \sqrt{j^2\omega^2\mu\varepsilon} = j\omega\sqrt{\mu\varepsilon}$$

$$\gamma^2 = j^2\omega^2\mu\varepsilon = -\omega^2\mu\varepsilon$$

$$\nabla^2 E_z - \gamma^2 E_z = \frac{\partial^2 E_z}{\partial x^2} + \frac{\partial^2 E_z}{\partial y^2} + \frac{\partial^2 E_z}{\partial z^2} + \omega^2\mu\varepsilon E_z = 0$$

Como E_z varía armónicamente en el tiempo $\left(e^{j\omega t}\right)$ en la dirección z según $e^{-\bar{\gamma}z}$

$$E_z = E_z e^{j\omega t - \bar{\gamma}z}$$

$$\frac{\partial E_z}{\partial z} = -\bar{\gamma} E_z e^{j\omega t - \bar{\gamma}z}$$

$$\frac{\partial^2 E_z}{\partial z^2} = \bar{\gamma}^2 E_z e^{j\omega t - \bar{\gamma}z}$$

Asumiendo que E_z incluye la variación temporal y espacial:

$$\frac{\partial^2 E_z}{\partial x^2} + \frac{\partial^2 E_z}{\partial y^2} + \left(\overline{\gamma}^2 + \omega^2 \mu \varepsilon\right) E_z = 0$$

$$\frac{\partial^2 E_z}{\partial x^2} + \frac{\partial^2 E_z}{\partial y^2} + h^2 E_z = 0$$

Para resolverlo, se presupone que la solución es del tipo:

$$E_z = X(x) \cdot Y(y) \quad \Rightarrow \quad \textit{Solución de Bernoulli}$$

Aplicando:

$$Y \frac{d^2 X}{dx^2} + X \frac{d^2 Y}{dy^2} + h^2 XY = 0$$

Dividiendo por: $X \cdot Y$

$$\frac{1}{X} \frac{d^2 X}{dx^2} + \frac{1}{Y} \frac{d^2 Y}{dy^2} + h^2 = 0$$

Una solución para que sea igual a cero:

$$\frac{1}{X} \frac{d^2 X}{dx^2} + h^2 = -\frac{1}{Y} \frac{d^2 Y}{dy^2} = A^2$$

$$\frac{1}{X} \frac{d^2 X}{dx^2} + h^2 - A^2 = 0 \qquad \frac{1}{Y} \frac{d^2 Y}{dy^2} + A^2 = 0$$

$$\frac{1}{X} \frac{dX^2}{dx^2} + B^2 = 0$$

$$\frac{d^2 X}{dx^2} + B^2 X = 0 \qquad \frac{d^2 Y}{dy^2} + A^2 Y = 0$$

$$X = C_1 \cos Ax + C_2 \operatorname{sen} Ax \qquad Y = C_3 \cos By + C_4 \operatorname{sen} By$$

Como:

$$E_z = X(x) \cdot Y(y) = \left(C_1 \cos Ax + C_2 \operatorname{sen} Ax\right) \cdot \left(C_3 \cos By + C_4 \operatorname{sen} By\right)$$

$$E_z = C_1 C_3 \cos Ax \cos By + C_1 C_4 \cos Ax \operatorname{sen} By +$$

$$+ C_2 C_3 \operatorname{sen} Ax \cos By + C_2 C_4 \operatorname{sen} Ax \operatorname{sen} By$$

Para hallar los coeficientes, se parte de las condiciones de contorno.

En la superficie del conductor: $E_z = 0$

$\quad x = 0 \quad \Rightarrow \quad 0 \leq y \leq b \quad$ [12-8]

$\quad y = 0 \quad \Rightarrow \quad 0 \leq x \leq a \quad$ [12-9]

$\quad x = a \quad \Rightarrow \quad 0 \leq y \leq b \quad$ [12-10]

$\quad y = b \quad \Rightarrow \quad 0 \leq x \leq a \quad$ [12-11]

De la ecuación [12-8]

$$E_z = C_1 C_3 \cos By + C_1 C_4 \operatorname{sen} By =$$
$$= C_1 \left(C_3 \cos By + C_4 \operatorname{sen} By \right) = 0$$

De donde se deduce

$$\boxed{C_1 = 0}$$

De la ecuación [12-9]

$$E_z = C_1 C_3 \cos Ax + C_2 C_3 \operatorname{sen} Ax =$$
$$= C_3 \left(C_1 \cos Ax + C_2 \operatorname{sen} Ax \right) = 0$$

De donde se deduce

$$\boxed{C_3 = 0}$$

Resulta

$$E_z = C_2 C_4 \operatorname{sen} Ax \operatorname{sen} By = C \operatorname{sen} Ax \operatorname{sen} By$$

De la ecuación [12-10]

$$E_z = C \operatorname{sen} Aa \cdot \operatorname{sen} By = 0$$

$\operatorname{sen} Aa = 0$

$$Aa = n\pi \quad \Rightarrow \quad n = 0, 1, 2, 3, ...$$

$$\boxed{A = n\frac{\pi}{a}}$$

De la ecuación [12-11]

$$E_z = C \operatorname{sen} Ax \cdot \operatorname{sen} Bb = 0$$

$$\operatorname{sen} Bb = 0$$

$$Bb = m\pi \quad \Rightarrow \quad m = 0, 1, 2, 3, ...$$

$$\boxed{B = m\frac{\pi}{b}}$$

Por lo tanto

$$E_z = C \operatorname{sen}\left(\frac{n\pi}{a}x\right) \cdot \operatorname{sen}\left(\frac{m\pi}{b}y\right)$$

Afectando la variación sinusoidal y el desplazamiento en el eje z:

$$\boxed{E_z = C \operatorname{sen}\left(\frac{n\pi}{a}x\right) \cdot \operatorname{sen}\left(\frac{m\pi}{b}y\right) \cdot e^{j\omega t - \bar{\gamma}z}} \quad (a)$$

Las ecuaciones de campo para el modo TM $\left(H_z = 0\right)$

$$E_x = -\frac{\bar{\gamma}}{h^2}\frac{\partial E_z}{\partial x}$$

$$E_y = -\frac{\bar{\gamma}}{h^2}\frac{\partial E_z}{\partial x}$$

$$H_x = \frac{j\omega\varepsilon}{h^2}\frac{\partial E_z}{\partial y}$$

$$H_y = -\frac{j\omega\varepsilon}{h^2}\frac{\partial E_z}{\partial x}$$

Incluyendo (a) y derivando:

$$E_x = -\frac{\bar{\gamma}}{h^2}\frac{n\pi}{a} C \cos\frac{n\pi}{a} x \operatorname{sen}\frac{m\pi}{b} y \, e^{j\omega t - \bar{\gamma} z} \quad (E)$$

$$E_y = -\frac{\bar{\gamma}}{h^2}\frac{m\pi}{b} C \operatorname{sen}\frac{n\pi}{a} x \cos\frac{m\pi}{b} y \, e^{j\omega t - \bar{\gamma} z} \quad (F)$$

$$H_x = \frac{j\omega\varepsilon}{h^2}\frac{m\pi}{b} C \operatorname{sen}\frac{n\pi}{a} x \cos\frac{m\pi}{b} y \, e^{j\omega t - \bar{\gamma} z} \quad (G)$$

$$H_y = -\frac{j\omega\varepsilon}{h^2}\frac{n\pi}{a} C \cos\frac{n\pi}{a} x \operatorname{sen}\frac{m\pi}{b} y \, e^{j\omega t - \bar{\gamma} z} \quad (H)$$

Para deducir el menor modo de propagación, vemos que si se hace ($m = 0$) ó ($n = 0$), se anulan todas las expresiones, por lo que el menor valor será 1.

TM_{11}

Por otra parte, se tienen las expresiones:

$$\frac{E_x}{H_y} = \frac{\bar{\gamma}}{j\omega\varepsilon} \Rightarrow E_x = \frac{\bar{\gamma}}{j\omega\varepsilon} H_y$$

Se deduce que E_x y H_y están en fase en el tiempo y a 90° en el espacio, por lo que la potencia será real.

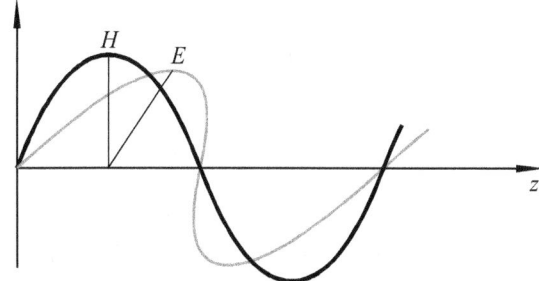

12.5. MODOS DE PROPAGACIÓN "TE"

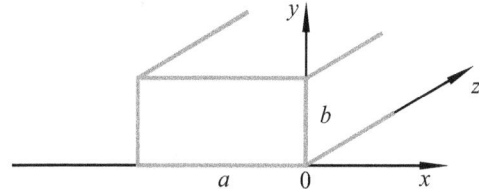

La ecuación de onda de H_z es:

$$\frac{\partial^2 H_z}{\partial x^2} + \frac{\partial^2 H_z}{\partial y^2} + \frac{\partial^2 H_z}{\partial z^2} - \gamma^2 H_z = 0$$

Para $\sigma = 0$, la constante de propagación es:

$$\gamma^2 = -\omega^2 \mu \varepsilon$$

Asumiendo la variación armónica en el tiempo:

$$H_z \Rightarrow H_z \cdot e^{-\bar{\gamma} z}$$

Resulta

$$\frac{\partial^2 H_z}{\partial x^2} + \frac{\partial^2 H_z}{\partial y^2} + \gamma^2 H_z$$

$$\bar{\gamma}^2 + \omega^2 \mu \varepsilon = h^2$$

La solución de esta ecuación diferencial toma la forma:

$$\frac{\partial^2 H_z}{\partial x^2} + \frac{\partial^2 H_z}{\partial y^2} + h^2 H_z = 0$$

La solución de esta ecuación diferencial toma la forma:

$$H_z = C_1 C_3 \cos Bx \cos Ay + C_1 C_4 \cos Bx \operatorname{sen} Ay +$$
$$+ C_2 C_4 \operatorname{sen} Bx \cos Ay + C_2 C_4 \operatorname{sen} Bx \operatorname{sen} Ay$$

Como no hay condiciones de contorno para H_z, se usan las fórmulas (A), (B), (C) y (D), las que son componentes espaciales de E y de H, considerando que $H_z = 0$.

$$E_x = -\frac{j\omega\mu}{h^2} \cdot \frac{\partial H_z}{\partial y} \qquad [12\text{-}12]$$

$$E_y = \frac{j\omega\mu}{h^2} \cdot \frac{\partial H_z}{\partial x} \qquad [12\text{-}13]$$

$$H_x = -\frac{\bar{\gamma}}{h^2} \cdot \frac{\partial H_z}{\partial x} \qquad [12\text{-}14]$$

$$H_y = -\frac{\bar{\gamma}}{h^2} \cdot \frac{\partial H_z}{\partial y} \qquad [12\text{-}15]$$

Para $x = 0 \Rightarrow E_y = 0$

$$E_y = 0 = \frac{j\omega\mu}{h^2} \cdot \frac{\partial H_z}{\partial x}$$

$$E_y = \frac{j\omega\mu}{h^2}\left(-C_1 C_3 B \operatorname{sen} Bx \cos Ay + C_1 C_4 B \operatorname{sen} Bx \operatorname{sen} Ay +\right.$$
$$\left.+ C_2 C_3 B \cos Bx \cos Ay + C_2 C_4 B \cos Bx \operatorname{sen} Ay = 0\right)$$

Para $x = 0$ resulta

CAPITULO 12: Guía de Onda

$$E_y = \frac{j\omega\mu}{h^2} \cdot B\left(C_2 C_3 \ B \cos Ay + C_2 C_4 \ B \ \text{sen} \ Ay\right) = 0$$

Para conservar la igualdad, debe ser: $C_2 = 0$; si fuera: $C_3 = C_4 = 0$, se anula todo H_z.

$$H_z = C_1 C_3 \cos Bx \cos Ay + C_1 C_4 \cos Bx \ \text{sen} \ Ay$$

Para $y = 0 \ \Rightarrow \ E_x = 0$

$$E_x = 0 = -\frac{j\omega\mu}{h^2} \cdot \frac{\partial H_z}{\partial y}$$

$$E_x = -\frac{j\omega\mu}{h^2} \cdot \left(-C_1 C_3 \ A \cos Bx \ \text{sen} \ Ay + C_1 C_4 \ B \cos Bx \cos Ay\right) =$$

$$= -\frac{j\omega\mu}{h^2} \cdot C_1 C_4 \ A \cos Bx = 0$$

Para conservar la igualdad, debe ser: $C_4 = 0$, pues si: $C_1 = 0$, se anula H_z

$$H_z = C_1 C_3 \cos Bx \cos Ay = C \cos Bx \cos Ay$$

Para $x = a \ \Rightarrow \ E_y = 0$

$$E_y = \frac{j\omega\mu}{h^2} \cdot \frac{\partial H_z}{\partial x} = \frac{j\omega\mu}{h^2} \left(-C B \ \text{sen} \ Ba \ \cos Ay\right) = 0$$

La igualdad anterior se mantendrá cuando: $\text{sen} \ Ba = 0$

$$E_y = -\frac{j\omega\mu}{h^2} \ C B \ \text{sen} \ Ba \ \cos Ay$$

Lo que se cumple cuando:

$$Ba = m\pi \ \Rightarrow \ m = 0, 1, 2, ...$$

$$\boxed{B = \frac{m\pi}{a}}$$

Para $y = b \Rightarrow E_x = 0$

$$E_x = -\frac{j\omega\mu}{h^2} \cdot \frac{\partial H_z}{\partial y} = -\frac{j\omega\mu}{h^2}\left(-CA\cos Bx\ \text{sen}\ Ay\right) = 0$$

$$E_x = \frac{j\omega\mu}{h^2} \cdot CA\cos Bx\ \text{sen}\ Ab = 0$$

La igualdad anterior se mantendrá cuando: $\text{sen}\ Ab = 0$, lo que se cumple cuando:

$$AB = n\pi \quad \Rightarrow \quad n = 0, 1, 2, ...$$

$$\boxed{A = \frac{n\pi}{b}}$$

Por lo que:

$$H_z = C\cos\frac{m\pi x}{a} \cdot \cos\frac{n\pi y}{b} \cdot e^{j\omega t - \bar{\gamma}z}$$

Introduciendo esta H_z en [12-12] a [12-15]:

$$\boxed{E_x = \frac{j\omega\mu}{h^2}\frac{n\pi}{b} C \cos\frac{m\pi x}{a} \text{sen}\frac{n\pi y}{b} e^{j\omega t - \bar{\gamma}z}} \quad (I)$$

$$\boxed{E_y = -\frac{j\omega\mu}{h^2}\frac{m\pi}{a} C \text{sen}\frac{m\pi x}{a} \cos\frac{n\pi y}{b} e^{j\omega t - \bar{\gamma}z}} \quad (J)$$

$$\boxed{H_x = \frac{\bar{\gamma}}{h^2}\frac{m\pi}{a} C \text{sen}\frac{m\pi x}{a} \cos\frac{n\pi y}{b} e^{j\omega t - \bar{\gamma}z}} \quad (K)$$

$$\boxed{H_y = \frac{\bar{\gamma}}{h}\frac{n\pi}{b} C \cos\frac{m\pi x}{a} \text{sen}\frac{n\pi y}{b} e^{j\omega t - \bar{\gamma}z}} \quad (L)$$

CAPITULO 12: Guía de Onda

Dividiendo las expresiones, resulta:

$$\frac{E_x}{H_y} = \frac{j\omega\mu}{\overline{\gamma}} \quad \Rightarrow \quad E_x = \frac{j\omega\mu}{\overline{\gamma}} H_y$$

$$\frac{E_y}{H_x} = -\frac{j\omega\mu}{\overline{\gamma}} \quad \Rightarrow \quad E_y = -\frac{j\omega\mu}{\overline{\gamma}} H_x$$

Significa que E y H están en fase en el tiempo y a 90° en el espacio.

En las fórmulas finales se ve que si: $m = 0$, y: $n = 0$, sólo queda H_z, con lo que no puede haber propagación.

Puede ser: $(m = 0)$ ó $(n = 0)$, pero no ambos simultáneamente, por lo que se puede deducir que los menores modos de propagación, serán:

TE_{10} ó TE_{01}

Al modo TE_{10} se lo llama **"modo principal"** o **"modo dominante"** en GO rectangulares.

12.6. FRECUENCIA DE CORTE (Fk)

Del valor de la constante de propagación:

$$\gamma = \sqrt{\underbrace{\left(\frac{m\pi}{a}\right)^2 + \left(\frac{n\pi}{b}\right)^2}_{a} \underbrace{- \omega^2\mu\varepsilon}_{b}} = \alpha + j\beta$$

Del análisis del radicando (comparando a con b), se pueden dar 3 condiciones:

1) $a > b$ $\Rightarrow$ raíces reales $\Rightarrow$ $\begin{array}{l}\alpha = 0 \\ \beta = 0\end{array}$ $\begin{array}{l}\text{no hay propagación} \\ (\text{hay atenuación})\end{array}$

2) $a < b$ $\Rightarrow$ raíces de un número negativo $\Rightarrow$ $\begin{array}{l}\gamma = J\beta \\ \alpha = 0\end{array}$ hay propagación

3) $a = b$ $\Rightarrow$ caso límite $\Rightarrow$ $\gamma = 0$ $\quad \dfrac{Fk}{(\text{Frecuencia de corte})}$

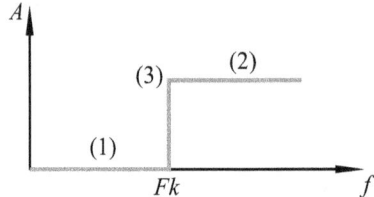

Significa que la *GO* se comporta como un filtro pasa altos.

En *Fk*: $\gamma = 0$

$$\left(\frac{m\pi}{a}\right)^2 + \left(\frac{n\pi}{b}\right)^2 = \omega_k^2 \, \mu\varepsilon$$

Haciendo

$$\omega_k = 2\pi Fk$$

Operando

$$Fk = \frac{1}{2\pi} \cdot \sqrt{\frac{1}{\mu\varepsilon} \cdot \left(\frac{m\pi}{a} + \frac{n\pi}{b}\right)} \qquad (M)$$

12.7. NOMENCLATURA DE LOS MODOS DE PROPAGACIÓN

Una GO se define por un modo de propagación (*TE* ó *TM*) que la caracteriza y por dos subíndices.

$TE_{nm} \qquad TM_{nm}$

El primer subíndice corresponde al mayor ancho "**a**".

Los menores valores de subíndices posibles, darán el modo principal de una *GO*, pudiendo existir simultáneamente los modos superiores.

Los menores valores son: TE_{10} ; TM_{11}

Los valores de n y m son el número de medias longitudes de onda que se tienen en los lados de la *GO* (o en el sentido transversal): cantidad de medios ciclos de variación de los campos entre las paredes de la *GO*.

Están relacionados con la frecuencia de corte, siendo los menores valores los que darán el **"modo dominante"**.

12.8. FORMAS DE EXCITACIÓN DE UNA GUIA DE ONDA

La conformación del campo eléctrico para el modo TE_{10}:

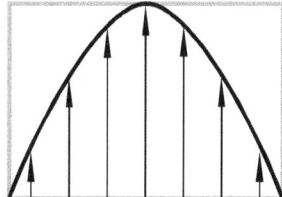

El campo magnético:

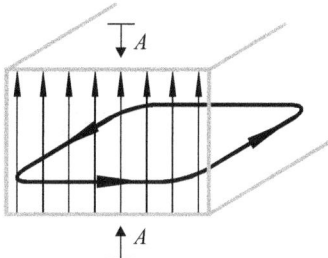

Haciendo un corte en *AA* y considerando que la variación de componente de campo eléctrico es cosinusoidal:

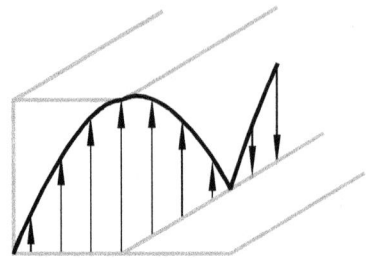

Existen dos formas de excitar *GO* rectangulares:

a) por campo eléctrico

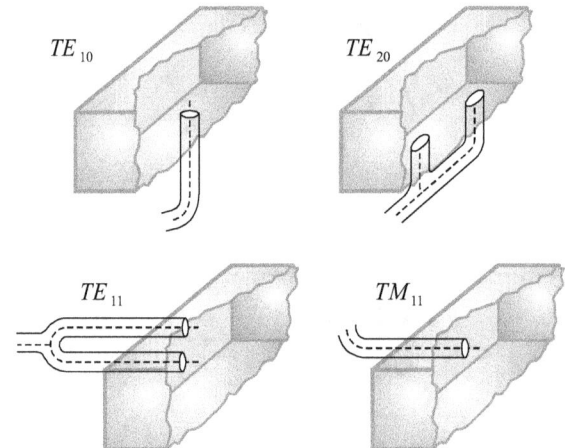

b) por campo magnético:

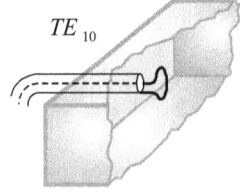

Capítulo 13

LÍNEAS DE TRANSMISIÓN

13.1. PRINCIPIO

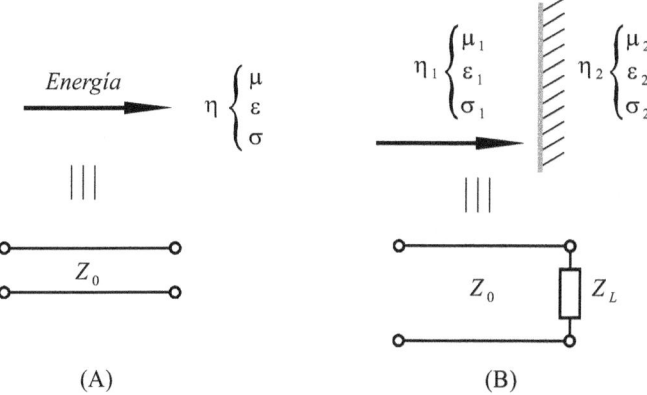

(A)   (B)

13.2. DEFINICIÓN

Una línea de transmisión (LTx) es todo medio físico capaz de transportar energía (eléctrica, electromagnética o fotónica) de un punto a otro.

A los fines del análisis, consideraremos al potencial V asociado al campo eléctrico E, mientras que a la intensidad de corriente I, la asociaremos al campo magnético H.

$$V \Rightarrow E \qquad I \Rightarrow H$$

En el caso de ser conductores, las dimensiones del mismo determinarán la actuación como transportador de energía (no irradia) o como antena (irradia).

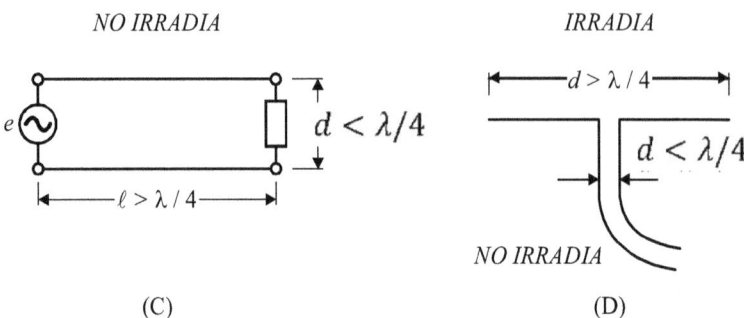

(C)   (D)

13.3. GENERACIÓN DE UNA *LTx*

La forma más común de guiar ondas electromagnéticas en el modo *TEM* es a través de líneas de transmisión bifilares y coaxiales.

Se puede considerar como *LTx* básica de dos conductores, a dos planos conductores y de superficie infinita.

La distribución de campos E y H considerando el modo *TEM*:

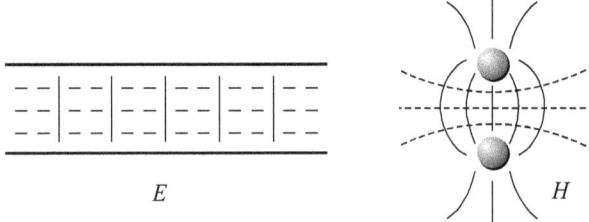

Una aproximación se obtiene limitando el ancho de las superficies conductoras.

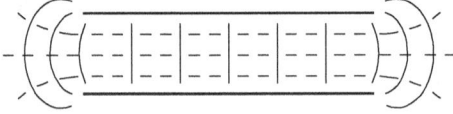

Curvando las dos placas en forma opuesta una a la otra, se tendrá:

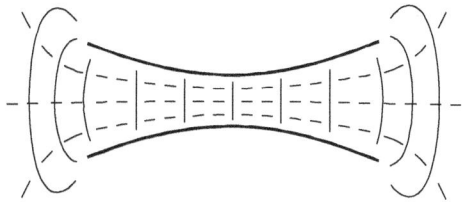

Aumentando las curvaturas, se obtiene una línea bifilar (bi = dos; filar = alambre).

Si en cambio se curvan las placas paralelas, ambas en el mismo sentido:

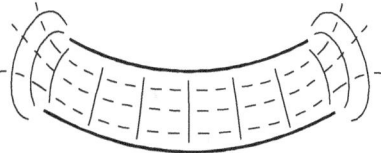

Al cerrarlas, se obtiene una línea de transmisión coaxial o coaxil:

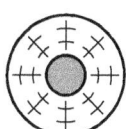

En el caso de línea bifilar o de cintas, la separación entre conductores debe ser despreciable frente a la longitud de onda, a los fines de evitar pérdidas por irradiación.

En líneas coaxiles, el motivo no es la irradiación ya que los campos están confinados entre los dos conductores. Sin embargo, si la separación es comparable con la longitud de onda, se producirán modos superiores.

13.4. TIPOS DE LTx

Conductor bifilar (Zo = 300 – 600 ohm)

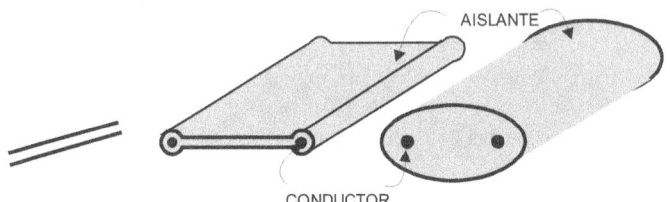

Conductor coaxil o coaxial (Zo = 50 – 75 – 93 - 150 ohm)

Guía de onda: rectangular, elíptica o circular.

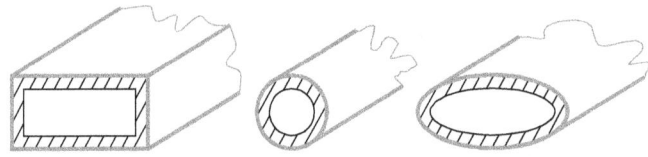

Línea de cintas paralelas:(strip line o micro strip line):

Linea de trasmisión usada en comunicaciones constituida por 2 (strip line) o 1µ strip line) línea de masa y una línea viva próxima a ellas (similar a un circuito impreso de simple o múltiple faz)

La impedancia de la línea de transmisión depende del ancho de la cinta conductora y del espesor de la E_r del sustrato.

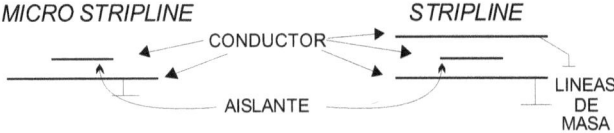

Fibra óptica

Espacio libre (free space)

13.5. PARÁMETROS DE UNA LTx

13.5.1 Parámetros concentrados

Son los elementos eléctricos básicos (resistencia R, conductancia G, inductancia L y capacidad C) que se encuentran disponibles entre los extremos del elemento considerado.

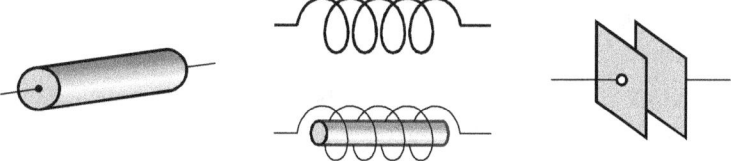

Sus valores dependen de las dimensiones físicas y del material con el que está construido.

Resistencia [ohm: Ω]

Conductancia [siemens: S]

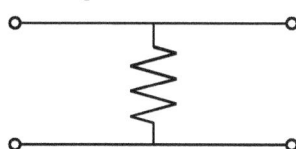

Inductancia [henrio: H]

Capacidad [faradio: F]

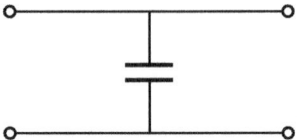

13.5.2 Parámetros distribuidos

Se consideran como parámetros distribuidos a los 4 parámetros básicos que se encuentran repartidos a todo lo largo de la *LTx*.

A los fines de su estudio, se consideran ubicados por unidad de longitud práctica (*Km*) de la *LTx*.

$$\text{Resistencia} \left[\frac{\Omega}{Km}\right]$$

Existen dos tipos de parámetros resistivos distribuidos, los que dependen de la frecuencia de trabajo: *Rcc* (para $f = 0$ *Hz*) y *Rca* (para $f > 0$ *Hz*).

- La resistencia a la corriente continua (*Rcc*) es la que queda determinada por el tipo de conductor eléctrico (*resistividad*), por su sección transversal y por su longitud.
- La resistencia a la corriente alterna (*Rca*) surge por el denominado "*efecto pelicular*", siendo mayor la resistencia mientras más elevada es la frecuencia.

A los fines de determinar el valor del parámetro de resistencia distribuida, es necesario realizar la consideración de ambos simultáneamente (*Rtotal* = *Rcc* + *Rca*).

$$\text{Conductancia} \left[\frac{Siemens}{Km}\right]$$

Existen dos tipos de pérdidas entre los conductores de una *LTx*:

- **por conducción**: es debida a que el aislante o dieléctrico entre los dos conductores de la *LTx*, no es perfecto, por lo que aparecen corrientes de fuga. Este valor se incrementa con la frecuencia.
- **dieléctricas**: originadas por el giro o rotación de los momentos dipolares de las moléculas del dieléctrico, lo que genera una

CAPITULO 13: Líneas de transmisión

pérdida por calor (*efecto Joule*) que se equivale con una conductancia de pérdida entre los conductores de la *LTx*.

La resistencia a la corriente alterna (*Rca*) surge por el denominado "*efecto pelicular*", siendo mayor mientras más elevada es la frecuencia. Por este motivo, los conductores se construyen huecos a frecuencias elevadas (la parte central no contribuye a la circulación de portadores).

Inductancia $\left[\dfrac{mH}{Km}\right]$

Cualquier conductor se puede asumir como parte de una espira de radio infinito, por lo que posee una inductancia distribuida en función de la frecuencia de trabajo.

Capacidad $\left[\dfrac{pF}{Km}\right]$

Siempre que se tienen dos conductores separados por un aislante dieléctrico, aparece una capacidad o capacitancia distribuida a lo largo del mismo.

13.6. CUADRIPOLO BÁSICO DE UNA *LTx*

Agrupando a los parámetros distribuidos de una *LTx* en un tramo diferencial, el cuadripolo básico podrá ser considerado como:

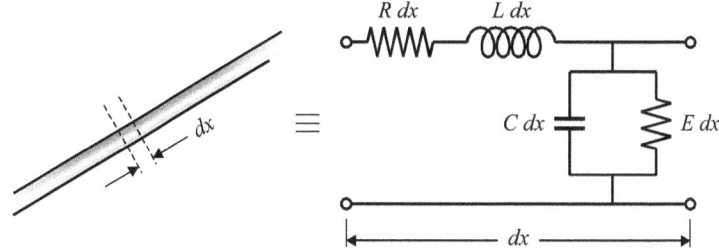

donde:

R: resistencia serie por unidad de longitud [*ohm/m*]

G: conductancia paralela por unidad de longitud [*S/m*]

L: inductancia serie por unidad de longitud [*H/m*]

C: capacidad paralela por unidad de longitud [F/m]

De esta manera, queda determinada la impedancia serie por unidad de longitud:

$$Z = R + j\omega L \quad \left[\frac{\Omega}{m}\right]$$

Por lo tanto, la admitancia paralela por unidad de longitud:

$$Y = G + j\omega C \quad \left[\frac{S}{m}\right]$$

13.7. CUADRIPOLO EQUIVALENTE DE UNA *LTx*

Agrupando a los cuatro parámetros distribuidos de una *LTx* en una celda elemental:

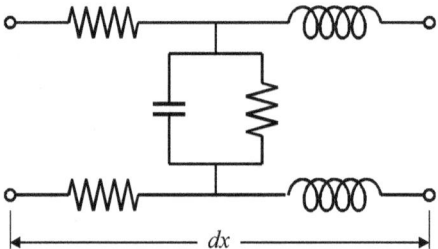

Suponiendo que uno de los dos conductores de la *LTx* es perfecto:

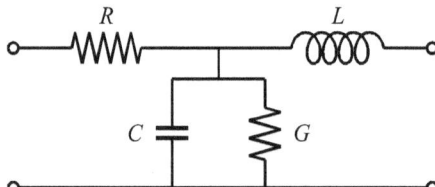

Planteando un análisis simétrico en configuración T:

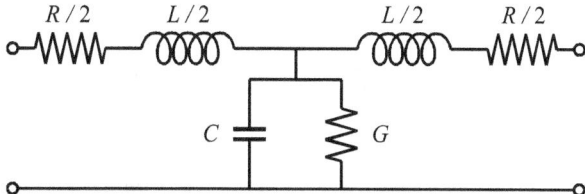

Suponiendo que la *LTx* no tiene pérdidas:

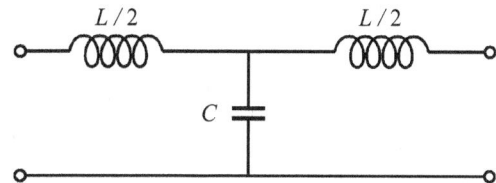

Planteando un análisis simétrico en configuración pi:

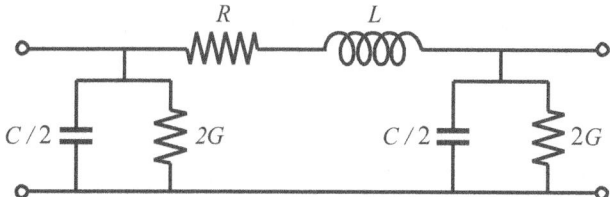

Si se supone que la *LTx* no tiene pérdidas:

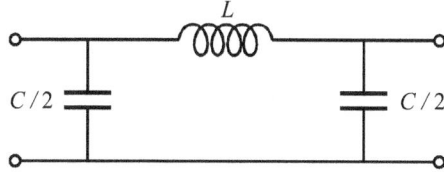

13.8. TIEMPO DE RETARDO EN UNA *LTx*: *tr*

Si consideramos una celda elemental sin pérdidas de una *LTx*:

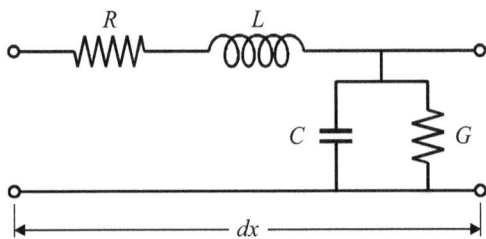

Al aplicarle una tensión escalón:

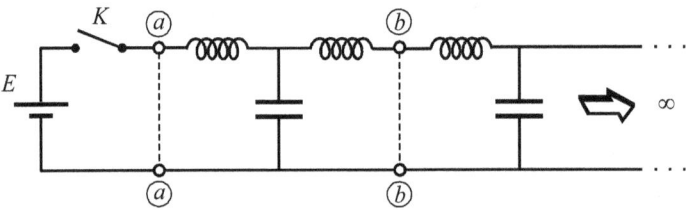

El generador E entrega una carga Q a la LTx durante un tiempo t_a.

$$I = \frac{Q}{t} \quad \Rightarrow \quad Q = I \cdot t_a \quad [a]$$

La carga Q se acumulará en el capacitor:

$$C = \frac{Q}{V} \quad \Rightarrow \quad Q = C \cdot E \quad [b]$$

Igualando [a] y [b]:

$$I \cdot t_a = C \cdot E \quad [c]$$

Admitiendo que inicialmente la diferencia de potencial en <u>aa</u> es V y que la diferencia de potencial en <u>bb</u> es cero:

$$E = L \frac{dI}{dt} \quad \Rightarrow \quad E \cdot dt = L \cdot dI \quad [d]$$

Si los incrementos son finitos y la corriente y el tiempo inicial son nulos:

$$dt = \Delta t = t_a - t_i = t_a - 0 = t_r$$

$$dI = \Delta I = I - I_i = I - 0 = I$$

Con lo que [c] y [d] resultan:

$$I \cdot t_r = C \cdot E \qquad [e]$$

$$E \cdot t_r = L \cdot I \qquad [f]$$

Haciendo [a] × [b]:

$$(I \cdot t_r) \times (E \times t_r) = (C \cdot E) \times (L \cdot I)$$

$$t_r \times t_r = C \times L$$

$$t_r = \sqrt{CL} \quad [segundos : s]$$

Considerando ahora n secciones iguales sin pérdidas:

$$t_r = \sqrt{nL \cdot nC} = \sqrt{n^2 LC} = n\sqrt{LC}$$

Significa que el tiempo de retardo de una *LTx* constituida por n celdas elementales, será igual a n veces el valor del tiempo de retardo t_r de una sola celda.

Por lo tanto, el tiempo de retardo t_r **"es función de la longitud"** de la *LTx*.

$$t_r = f \, (longitud)$$

13.9. IMPEDANCIA CARACTERÍSTICA DE UNA *LTx*: Z_0

13.9.1. Definición de Z_0

Es la impedancia que toma una línea prolongada teóricamente hasta el infinito.

13.9.2 Cálculo de Z_0

Haciendo [f] / [e], resulta:

$$\frac{E \cdot t_r}{I \cdot t_r} = \frac{L \cdot I}{C \cdot E}$$

$$\frac{E}{I} = \frac{L \cdot I}{C \cdot E}$$

Definiendo;

$$Z_0 = \frac{E}{I}$$

resulta:

$$Z_0^2 = \frac{L}{C}$$

$$Z_0 = \sqrt{\frac{L}{C}}$$

Considerando ahora n secciones iguales sin pérdidas:

$$Z_0(n) = \sqrt{\frac{nL}{nC}} = \sqrt{\frac{L}{C}} = Z_0$$

Significa que la impedancia característica Z_0 de una *LTx* constituida por n celdas elementales, será igual al valor de la impedancia característica Z_0 de una sola celda.

Por lo tanto, la impedancia característica z_0 de una *LTx* "**NO es función de la longitud**" de la *LTx*.

$$Z_0 \neq f(longitud)$$

13.10. ECUACIONES DIFERENCIALES DE UNA *LTx*

La corriente que circula por la impedancia Z serie producirá una caída de potencial dV, mientras que la admitancia Y paralela producirá una corriente dI:

CAPITULO 13: Líneas de transmisión

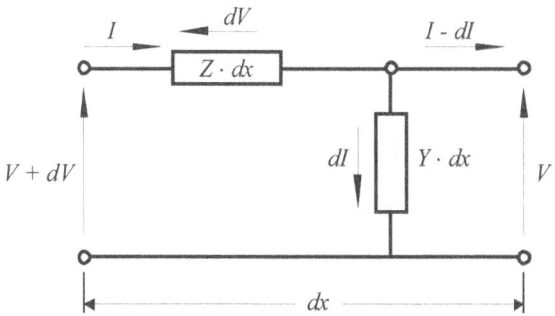

$$dV = I.Z.dx \qquad dI = V \cdot Y \cdot dx$$

$$\frac{dV}{dx} = I \cdot Z \qquad \frac{dI}{dx} = V \cdot Y$$

Derivando respecto de x:

$$\frac{d^2V}{dx^2} = I\frac{dZ}{dx} + Z\frac{dI}{dx} \qquad \frac{d^2I}{dx^2} = V\frac{dY}{dx} + Y\frac{dV}{dx}$$

$$= I\frac{dZ}{dx} + ZVY \qquad\qquad = V\frac{dY}{dx} + YIZ$$

Si la línea es uniforme, Z e Y no varían según x, por lo que:

$$\frac{dZ}{dx} = \frac{dY}{dx} = 0$$

Por lo tanto:

$$\frac{d^2V}{dx^2} - V \cdot Z \cdot Y = 0 \qquad \frac{d^2I}{dx^2} - I \cdot Z \cdot Y = 0$$

Estas son ecuaciones diferenciales de una línea de transmisión uniforme, cuya solución es del tipo:

$$V = \exp^{\gamma x}$$

donde:

$\gamma = \alpha + j\beta$: constante de propagación

α: constante de atenuación

β: constante de fase

13.11. DETERMINACIÓN DE LA Z_0 DE UNA LTx

Por definición de z_0 de una LTx (la Z que toma una línea prolongada teóricamente hasta el infinito), se tiene:

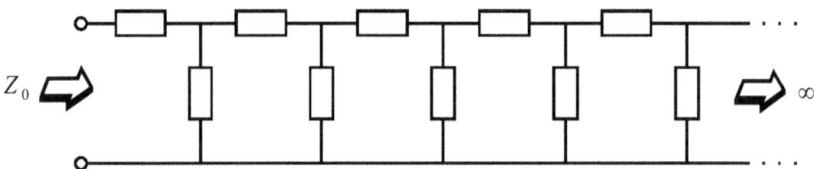

Si se corta en un punto cualquiera de la LTx y se coloca una impedancia de carga de valor Z_0, desde la entrada no se notará ningún cambio, por lo que desde la entrada se seguirá midiendo el valor de la impedancia característica Z_0.

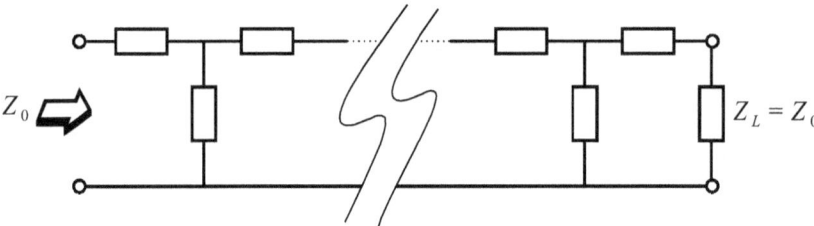

Si se hace el corte hasta el límite de una celda elemental, la impedancia vista desde la entrada, seguirá siendo Z_0.

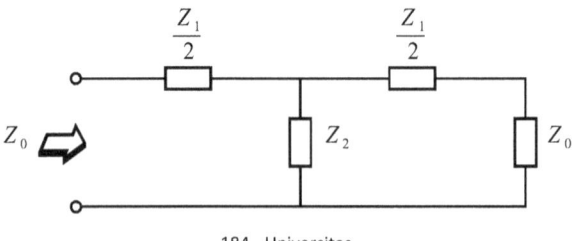

Calculando:

$$Z_0 = \frac{Z_1}{2} + \frac{\left(\frac{Z_1}{2} + Z_0\right) \cdot Z_2}{\left(\frac{Z_1}{2} + Z_0\right) + Z_2}$$

$$Z_0 = \frac{\frac{Z_1^2}{4} + \frac{Z_1}{2} \cdot Z_0 + \frac{Z_1}{2} \cdot Z_2 + \frac{Z_1}{2} \cdot Z_2 + Z_0 \cdot Z_2}{\frac{Z_1}{2} + Z_0 + Z_2}$$

$$Z_0 \cdot \frac{Z_1}{2} + Z_0^2 + Z_0 \cdot Z_2 = \frac{Z_1^2}{4} + \frac{Z_1}{2} \cdot Z_0 + Z_1 \cdot Z_2 + Z_0 \cdot Z_2$$

$$Z_0^2 = \frac{Z_1^2}{4} + Z_1 Z_2$$

$$Z_0 = \sqrt{\frac{Z_1^2}{4} + Z_1 Z_2} \quad [g]$$

Si es

$$Z_1 \cdot Z_2 \gg \frac{Z_1^2}{4}$$

Resulta

$$Z_0 = \sqrt{Z_1 \cdot Z_2} \quad [h]$$

Realicemos ahora un cortocircuito en la carga de la celda elemental ($Z_L = 0$) y calculemos la impedancia que se verá desde la entrada (Z_{sc}: Z short circuit).

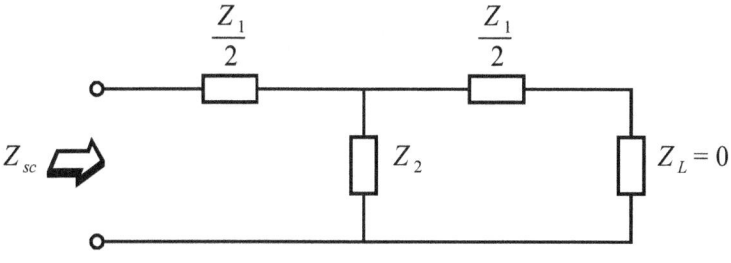

$$Z_{sc} = \frac{Z_1}{2} + \frac{\frac{Z_1}{2} \cdot Z_2}{\frac{Z_1}{2} + Z_2}$$

$$Z_{sc} = \frac{\left(\frac{Z_1}{2} + Z_2\right) \cdot \frac{Z_1}{2} + \frac{Z_1}{2} \cdot Z_2}{\frac{Z_1}{2} + Z_2}$$

$$Z_{sc} = \frac{\frac{Z_1^2}{4} + \frac{Z_1}{2} \cdot Z_2 + \frac{Z_1}{2} \cdot Z_2}{\frac{Z_1}{2} + Z_2}$$

$$Z_{sc} = \frac{\frac{Z_1^2}{4} + Z_1 \cdot Z_2}{\frac{Z_1}{2} + Z_2} \quad [i]$$

Si ahora dejamos la celda elemental terminada en un circuito abierto $(Z_L = \infty)$ y calculamos la impedancia que se verá desde la entrada Z_{oc} : Z open circuit), resulta:

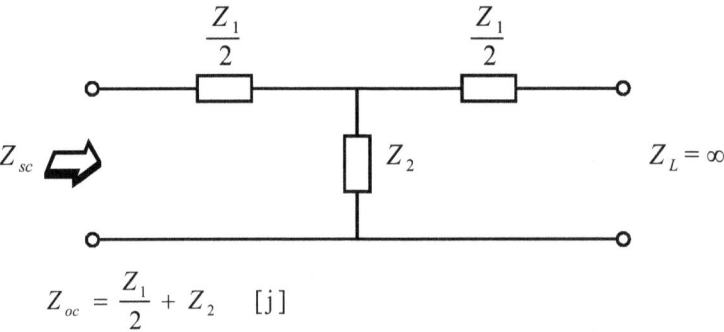

$$Z_{oc} = \frac{Z_1}{2} + Z_2 \quad [j]$$

Haciendo [i] x [j], se tiene:

CAPITULO 13: Líneas de transmisión

$$Z_{sc} \cdot Z_{oc} = \frac{\frac{Z_1^2}{4} + Z_1 Z_2}{\left(\frac{Z_1}{2} + Z_2\right)} \cdot \left(\frac{Z_1}{2} + Z_2\right)$$

$$Z_{sc} \cdot Z_{oc} = \frac{Z_1^2}{4} + Z_1 Z_2 = Z_0^2$$

Valores que ya habíamos determinado en [b]. Por lo tanto:

$$Z_0^2 = Z_{sc} \cdot Z_{oc}$$

$$Z_0 = \sqrt{Z_{sc} \cdot Z_{oc}}$$

Significa que se puede calcular la impedancia característica Z_0 de una *LTx* a partir de conocer los valores de las impedancias de cortocircuito Z_{sc} y de circuito abierto Z_{oc}.

Recordemos que tanto Z_{sc} como Z_{oc}, son impedancias complejas, por lo que se deberá tener en cuenta la operación correspondiente al calcular la raíz cuadrada para obtener el valor de Z_0.

13.12. LÍNEA DE TRANSMISIÓN BIFILAR ABIERTA (DE CONDUCTORES PARALELOS)

En esta sección se calcularán los parámetros distribuidos (la capacidad y la inductancia por unidad de longitud) de una de las líneas de transmisión más usadas comúnmente. De esos dos parámetros se derivan las impedancias características de la línea (Z_0) y las velocidades a que se propagan las señales a lo largo de las mismas.

La Fig. 1 representa la sección transversal de una línea de transmisión formada por dos conductores cilíndricos similares, cada uno de radio a y separados por una distancia $2d$. Los conductores están ubicados en un medio de permitividad eléctrica relativa ε_r y permeabilidad magnética relativa μ_r. La capacitancia por unidad de longitud de un par de conductores (si $2d \gg a$) será:

$$C = \frac{\pi \, \varepsilon \, \varepsilon_0}{\ln \frac{2d}{a}}$$

Para obtener la inductancia por unidad de longitud, se forma un circuito cerrado uniendo los extremos de una sección *l*. La auto inductancia del circuito total es el flujo magnético a través de él cuando conduce una corriente de 1 ampere. El campo que rodea a un conductor largo y recto que conduce I amperes, a una distancia r de su centro, es:

$$\frac{\mu \, \mu_0 \, I}{2\pi \, r}$$

Si la dirección de la corriente es la que se indica en la Fig. 2, ambos conductores contribuyen con un campo B que apunta hacia la figura, y el flujo magnético a través del circuito será:

$$2l \int_{a}^{2d-a} \frac{\mu \, \mu_0 \, I \, dr}{2\pi \, r} \cong \frac{\mu \, \mu_0 \, I \, l}{\pi} \ln\left(\frac{2d}{a}\right) \quad si \quad 2d \gg a$$

$$L = \frac{\mu \, \mu_0}{\pi} \ln\left(\frac{2d}{a}\right)$$

El flujo que pasa a través de los conductores aporta realmente una contribución a la auto inductancia; pero es insignificante cuando: $2d \gg a$.

A partir de las ecuaciones de C y de L, resulta que la impedancia característica Z_0 de la LTx es:

$$Z_0 \; (conductores \; paralelos) = \sqrt{\frac{L}{C}} = \left(\frac{\mu \, \mu_0}{\pi^2 \, \varepsilon \, \varepsilon_0}\right)^{1/2} \ln\left(\frac{2d}{a}\right)$$

y la velocidad de propagación de las señales:

$$v = \frac{1}{\sqrt{L \cdot C}} = \frac{1}{\left(\varepsilon\, \varepsilon_0\, \mu\, \mu_0\right)^{1/2}} = \frac{C}{\left(\varepsilon\, \mu\right)^{1/2}}$$

la que es una constante independiente de las dimensiones de la línea.

La constante c es la velocidad de la luz en el vacío, y $c/\sqrt{\varepsilon\mu}$ es la velocidad de la luz en el medio en que está incrustada la línea.

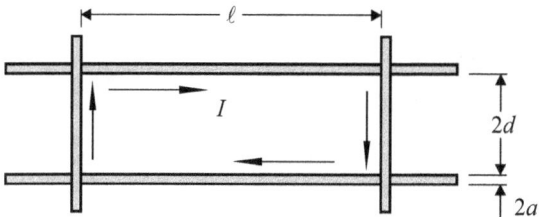

Resulta que la velocidad de propagación es igual a la velocidad de la luz para toda línea que no presente pérdidas, cualquiera sea el tamaño y forma de sus conductores.

Las líneas formadas por conductores paralelos se usan con mucha frecuencia en el vacío o en el aire, para lo cual puede tomarse $\varepsilon = \mu = 1$. Para una línea con $2d/a = 6$, la ecuación de Z_0 dará para la impedancia característica:

$$Z_0 = 120\, \ln\left(\frac{2d}{a}\right) \cong 200\; \Omega$$

13.13. LÍNEA DE TRANSMISIÓN COAXIL

13.13.1. Concepto

Una *LTx* coaxil o coaxial es aquella en la que son iguales los ejes de curvaturas de sus conductores (concéntricos).

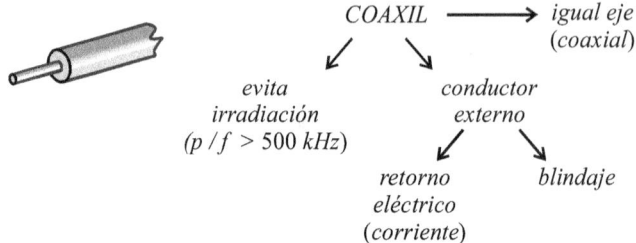

La presencia de un conductor externo permite:

- **Blindaje**: actúa impidiendo la irradiación al exterior y, simultáneamente, que no ingresen señales desde el exterior hacia el conductor central.
- **Retorno**: brinda un camino de retorno eléctrico tanto para la componente continua como la alterna.

13.13.2 Tipos de cable coaxil

La principal diferencia radica en la existencia de un sostén mecánico. Este soporte se denomina portante y es un cable o alambre de acero adicional a la estructura del cable coaxil.

Se coloca para permitir su sostén en tendidos aéreos sin alterar la geometría transversal del cable, lo que alteraría la impedancia característica Z_0 del mismo, produciendo reflexiones de señal, aumento de la *ROE*, aparición de ondas estacionarias, etc.

13.13.3 Impedancia característica Z_0

Los valores de Z_0 disponibles comercialmente, son:

- 50 ohm
- 75 ohm
- 93 ohm
- 150 ohm

Su variedad depende de la aplicación (alimentación de una antena, transmisión de datos, etc.).

13.13.4. Parámetros de un cable coaxil

13.13.4.1. ATENUACIÓN [dB/100 m]

Es la disminución del nivel de una señal que se propaga por el cable coaxil.

Este parámetro depende del material con el que se construyó el cable y de la geometría de la sección transversal a lo largo de su longitud (debe permanecer constante).

Los fabricantes de los cables coaxiles entregan esta información en forma gráfica (tablas).

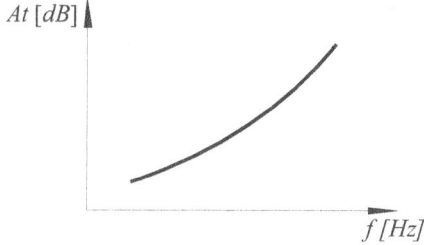

13.13.4.2. POTENCIA TRANSMISIBLE [W]

Es el valor máximo de potencia a manejar por el cable coaxil, es decir, el máximo valor de potencia que puede disipar el coaxil.

Al igual que el valor de la atenuación del cable coaxil, también es un dato que el fabricante suele entregar en forma de gráficos.

Generalmente, los dos parámetros, atenuación y potencia de disipación, se entregan sobre el mismo gráfico.

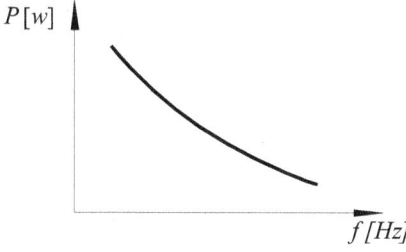

13.13.4.3. IMPEDANCIA DE TRANSFERENCIA [m ohm/m]

Es la eficiencia de blindaje del conductor externo; es mejor mientras menor sea su valor.

13.13.4.4. CAPACIDAD [pF/m]

Es el valor de la capacidad que se forma al tener dos conductores (los dos conductores concéntricos coaxiales) separados por un aislante o dieléctrico.

Su magnitud depende del tipo de aislante utilizado y de la geometría del cable.

13.13.4.5. VELOCIDAD DE PROPAGACION [%]

En el interior de un cable coaxil, la velocidad de propagación de la señal es menor que la de la luz en el vacío (C = 300.000 Km/s); esta velocidad se expresa como un valor porcentual de la velocidad en el vacío y es menor que la unidad.

$$v = K \cdot C \quad \Rightarrow \quad K < 1$$

Su magnitud depende del aislante.

13.13.4.6. TENSION DE EJERCICIO [KV]

Es el valor máximo de tensión que se puede aplicar entre los dos conductores del cable coaxil.

Superado este valor, se produce un efecto corona que afecta el aislamiento del dieléctrico.

13.13.4.7. PERDIDAS DE RETORNO ESTRUCTURAL: SRL [dB/100m]

Son pérdidas originadas en reflexiones por variación de la geometría de la construcción del cable (si la sección transversal no permanece constante, se altera el valor de Z_0).

13.13.5. Elección del cable coaxil

Cuando se debe determinar el tipo de cable a utilizar en un sistema de comunicaciones, es necesario, inicialmente, definir tres parámetros técnicos:

- Impedancia característica Z_0.
- Frecuencia de trabajo.

- Atenuación máxima y/o potencia máxima.

13.13.6. Constantes de un cable coaxil

Consideremos la geometría básica de un cable coaxil:

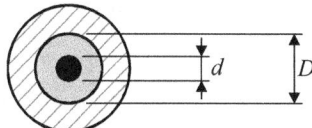

A los fines del cálculo de las constantes, se definen:

- d: diámetro externo del conductor interno [mm] $\Rightarrow$ puede ser un alambre único (unifilar) o un cable (más de un alambre).
- D: diámetro interno del conductor externo [mm] $\Rightarrow$ depende del ángulo de trenzado, diámetro de los cables, laminado conductor, etc.).
- r_i: resistividad del conductor interno [u s/m]
- r_e: resistividad del conductor externo [u s/m]
- ε_r: constante dieléctrica relativa del aislante.
- δ: ángulo de pérdida del aislante.
- f: frecuencia de trabajo [Hz]

13.13.6.1. RESISTENCIA [ohm/m]

$$R = \frac{\sqrt{f \cdot r_i}}{d} \, 6{,}35 \times 10^{-5} + \frac{r_i}{d^2} \cdot 3{,}15 \times 10^{-3} + \frac{\sqrt{f \cdot r_e}}{D} \, 6{,}35 \times 10^{-5}$$

13.13.6.2. INDUCTANCIA [uH/m]

$$L = 0{,}463 \cdot \log\frac{D}{d} + 0{,}522 \, \frac{R}{f} \, 10^{-6}$$

13.13.6.3. CAPACIDAD [pF/m]

$$C = \frac{24{,}16 \cdot \varepsilon_r}{\log\dfrac{D}{d}}$$

13.13.6.4. IMPEDANCIA CARACTERÍSTICA Z_0 [ohm]

$$Z_0 = \frac{138}{\sqrt{\varepsilon_r}} \cdot \log\frac{D}{d}$$

13.13.6.5. ATENUACION DE LOS CONDUCTORES [dB/100 m]

$$A_c = \frac{2 \times 10^{-4} \sqrt{f \cdot \varepsilon_r}}{\log\dfrac{D}{d}} \cdot \left(\frac{\sqrt{r_i}}{d} + \frac{\sqrt{r_e}}{D}\right)$$

13.13.6.6. ATENUACION DEL DIELÉCTRICO [dB/100 m]

$$A_d = 9,08 \times 10^{-6} \cdot f \sqrt{\varepsilon_r} \ \text{tg}\,\delta$$

Capítulo 14

ADAPTACION DE LINEAS DE TRANSMISION

14.1 INTRODUCCIÓN

Cuando una onda electromagnética (OEM) se propaga por un medio, queda afectada por los parámetros del mismo: µ (permeabilidad magnética),ε (permitividad eléctrica) y σ (conductividad).

Estos parámetros determinan la impedancia intrínseca del medio de igual forma que la impedancia característica de una línea de transmisión.

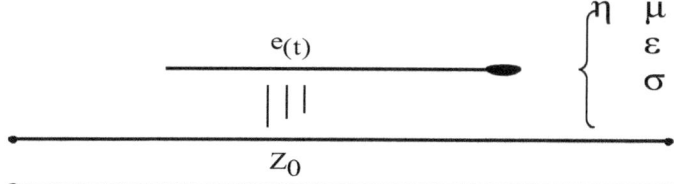

Cuando esta OEM incide sobre un medio ς_2 de características paramétricas diferentes, se generan reflexiones y refracciones determinadas por el ángulo de incidencia a la superficie de frontera y a las relaciones existentes entre los parámetros de los dos medios.

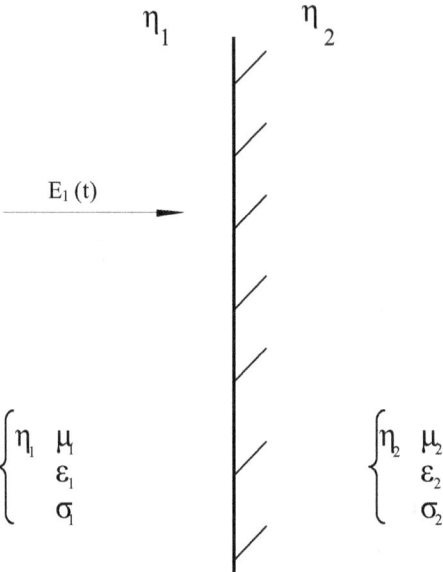

La separación entre los dos medios indica la existencia de una diferenciación o "desadaptación" de los mismos, similar a la que existe entre dos valores distintos en una línea de transmisión de impedancia característica Zo conectada a una impedancia de carga Zl.

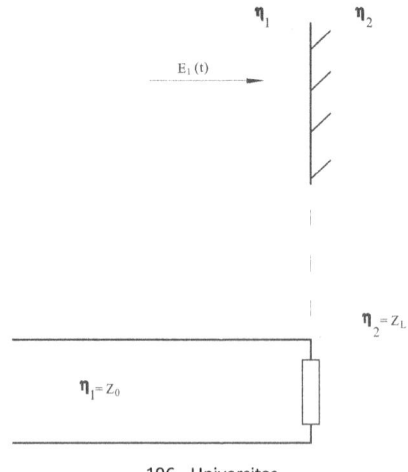

CAPITULO 14: Adaptación de líneas de transmisión

$$\Gamma = \frac{\varsigma_2 - \varsigma_1}{\varsigma_2 + \varsigma_1} = \frac{Z_L - Z_0}{Z_L + Z_0} \Rightarrow Z_L = Z_0 \frac{1 + \Gamma}{1 - \Gamma}$$

Si asociáramos la línea de transmisión a una manguera por la que circula un líquido (por ejemplo, agua), entenderemos mejor el concepto de adaptación.

Para una determinada presión de agua, por la manguera circulará un determinado caudal (l/m3).

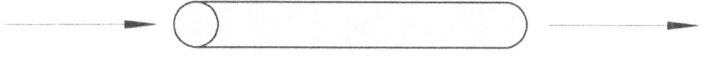

L1

Si quisiéramos prolongar la manguera, deberíamos empalmarla con otra. La única opción que tenemos para mantener las mismas condiciones iniciales de circulación de agua es que ambas mangueras tengan el mismo diámetro.

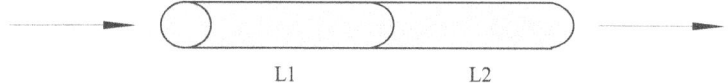

L1   L2

En términos de OEM, significaría que el medio en que se propaga dicha onda, es el mismo: no hay condiciones de "desadaptación".

En el caso de nuestra manguera inicial, cualquier otro diámetro de manguera que le quisiéramos acoplar, provocará una "desadaptación".

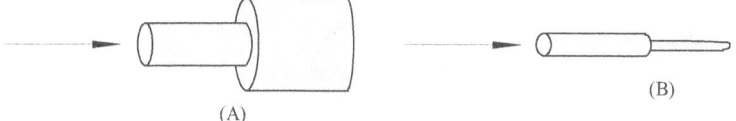

(A)   (B)

En (A) el líquido en la manguera L3 desperdicia espacio para su traslado.

En (B) el líquido en la manguera L4 no tiene espacio suficiente (se traduciría en un aumento de la presión con un chorro de agua).

14.2 CONCEPTO DE DESADAPTACIÓN

En Electrónica, uno de nuestros conceptos básicos de trabajo es el de realizar adaptaciones, principalmente de impedancia.

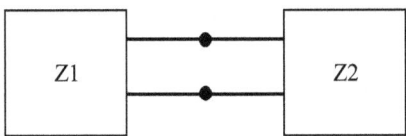

En el caso de una línea de transmisión, lo que intentamos hacer es lograr que sea:

$$Z1 = Z2 \Rightarrow Z_0 = Z_L$$

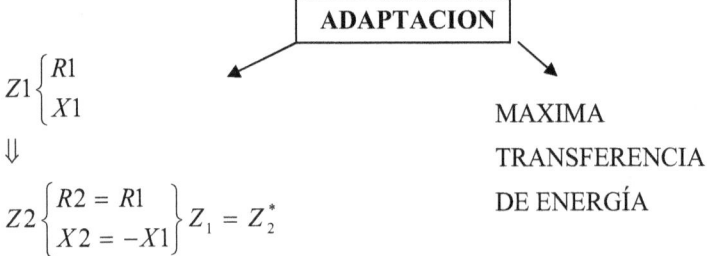

En este caso, la adaptación es ideal (no hay desadaptación) y se tiene:

$$\Gamma = 0 \qquad ROE = 1$$

Cualquier otra condición de trabajo ($Zo = ZL$) determina la aparición de una "desadaptación".

$$\Gamma \neq 0 \qquad ROE > 1$$

Por lo tanto, el concepto de adaptación determina:

ADAPTACION

$Z1 \begin{cases} R1 \\ X1 \end{cases}$

⇓

$Z2 \begin{cases} R2 = R1 \\ X2 = -X1 \end{cases} Z_1 = Z_2^*$

MAXIMA
TRANSFERENCIA
DE ENERGÍA

CAPITULO 14: Adaptación de líneas de transmisión

El análisis gráfico de las reflexiones originadas por la desadaptación de medios o de impedancias, se realiza por:

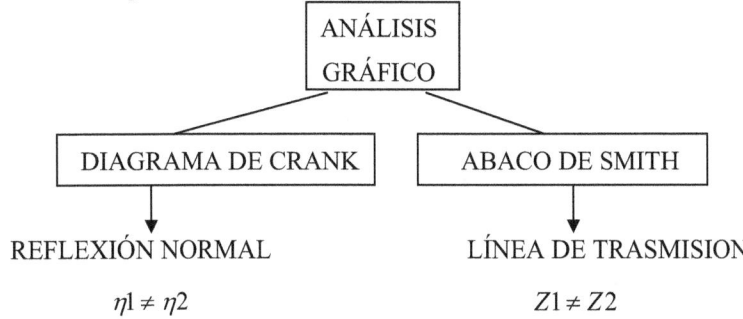

14.3 TEOREMA DE LA MÁXIMA TRANSFERENCIA DE ENERGÍA

14.3.1 Primer caso: Carga RL variable

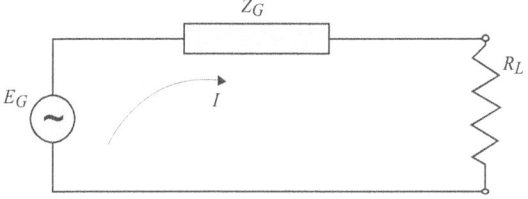

$$Z_G = R_G + jX_G$$

$$I = \frac{E_G}{(R_G + R_L) + jX_G}$$

$$|I| = \frac{E_G}{\sqrt{(R_G + R_L)^2 + X_G^2}}$$

$$P_L = I_G^2 . R_L = \frac{E_G^2 . R_L}{(R_G + R_L)^2 + X_G^2}$$

Para hallar el valor de R_L que transfiera la máxima potencia, se hace:

$$\frac{dP}{dR_L} = 0$$

$$\frac{dP}{dR_L} = \frac{d}{dR_L}\left[\frac{E_G^2 R_L}{(R_G + R_L)^2 + X_G^2}\right] = \frac{E_G[(R_G + R_L)^2 + X_G^2] - (2R_G + 2R_L)E_G^2 R_L}{(R_G + R_L)^2 + X_G^2} = 0$$

$$(R_G + R_L)^2 + X_G^2 - 2R_L(R_G + R_L) = 0$$

$$R_G^2 + 2R_G R_L + R_L^2 + X_G^2 - 2R_L R_G - 2R_L^2 = 0$$

$$R_G^2 + X_G^2 = R_L^2$$

$$\boxed{R_L = \sqrt{R_G^2 + X_G^2} = |Z_G|}$$

14.3.2 Segundo caso: Impedancia variable con R y X variables

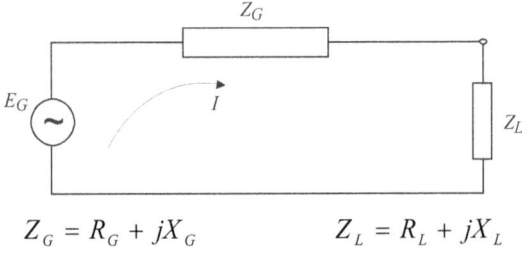

$$Z_G = R_G + jX_G \qquad Z_L = R_L + jX_L$$

$$I = \frac{E_G}{(R_G + R_L) + j(X_G + X_L)}$$

$$|I| = \frac{E_G}{\sqrt{(R_G + R_L)^2 + j(X_G + X_L)^2}}$$

$$P = \frac{E_G^2}{(R_G + R_L)^2 + (X_G + X_L)^2} \cdot R_L$$

Si R_L se mantiene constante, P es máxima cuando $X_G = -x$

$$P = \frac{E_G^2}{(R_G + R_L)^2} \cdot R_L$$

Si R_L es la variable como en el primer caso, la máxima transferencia es cuando $R_L = R_G$:

$$\boxed{R_L = R_G \; R_L = R_G} \qquad \boxed{X_L = -X_G} \qquad \boxed{Z_L = Z_G^*}$$

14.3.1 Tercer caso: ZL con R variable y X fija

Si $X_G \approx X_L$ se pueden combinar en una única impedancia. Entonces con R_L variable, el 3er caso se reduce al 1°.

$$Z_G = R_G + jX_G$$

$$I = \frac{E_G}{\sqrt{(R_G + R_L)^2 + (X_G + X_L)^2}}$$

$$|I| = \frac{E_G}{\sqrt{(R_G + R_L)^2 + (X_G + X_L)^2}}$$

$$P = \frac{E_G^2}{(R_G + (R_L)^2 + (X_G + X_L)^2} \cdot R_L$$

$$\frac{dP}{dR_L} = 0 \Rightarrow (R_G + R_L)^2 + (X_G + X_L)^2 - 2R_L(R_G + R_L) = 0$$

$$R_G^2 + \cancel{2R_GR_L} + R_L^2 + (X_G + X_L)^2 - \cancel{2R_LR_G} - 2R_L^2 = 0$$

$$R_G^2 + (X_L + X_G)^2 = R_L^2$$

$$R_L = \sqrt{R^2 + (X_G + X_L)^2}$$

14.4 TRANSFORMADOR DE LÍNEA

Transforma una impedancia compleja en otra impedancia compleja.

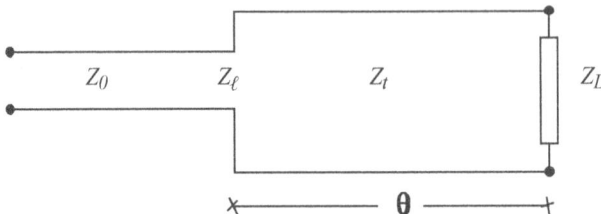

$Z_L = R_L + jX_L$: impedancia de carga.
$Z_\ell = R_\ell + jX_\ell$: impedancia de entrada.
$Z_t = R_t$: impedancia caracteristica del trafo.
$\theta = \beta.\ell_t$: longitud del trafo.

Como la longitud del trafo es corta (del orden de $\lambda/2$) puede operar para línea sin pérdidas.

$$Z_\ell = Z_t \frac{Z_L + jZ_t \operatorname{tg}\theta}{Z_t + jZ_L \operatorname{tg}\theta}$$

$$Z_\ell Z_t + jZ_\ell Z_L \operatorname{tg}\theta = Z_t Z_L + jZ_t^2 \operatorname{tg}\theta$$

$(R_\ell + jX_\ell)Z_t + j(R_\ell + jX_\ell)(R_L + jX_L)\operatorname{tg}\theta = Z_t(R_L + jX_L) + jZ_t^2 \operatorname{tg}\theta$

$R_\ell Z_t + jX_\ell Z_t + (jR_\ell - X_\ell)(R_L \operatorname{tg}\theta + jX_L \operatorname{tg}\theta) = R_L Z_t + jX_L Z_t + jZ_t^2 \operatorname{tg}\theta$

$R_\ell Z_t + jX_\ell Z_t + jR_\ell R_L \operatorname{tg}\theta - R_\ell X_L \operatorname{tg}\theta - R_L X_\ell \operatorname{tg}\theta - jX_\ell X_L \operatorname{tg}\theta - R_L Z_t - jX_L Z_t - jZ_t^2 \operatorname{tg}\theta = 0$

Igualando partes real e imaginaria a cero:

$$\boxed{R_\ell Z_t - R_\ell X_L \operatorname{tg}\theta - R_L X_\ell \operatorname{tg}\theta - R_L Z_t = 0} \quad \text{A)}$$

$$\boxed{X_\ell Z_t + R_\ell R_L \operatorname{tg}\theta - X_\ell X_L \operatorname{tg}\theta - X_L Z_t - Z_t^2 \operatorname{tg}\theta = 0} \quad \text{B)}$$

Despejando θ de A)

$$\operatorname{tg}\theta = (R_\ell X_L + R_L X_\ell) = R_\ell Z_t - R_L Z_t$$

$$\boxed{\theta = \operatorname{tg}^{-1} Z_t \frac{(R_\ell - R_L)}{R_\ell X_L + R_L X_\ell}}$$

En B)

CAPITULO 14: Adaptación de líneas de transmisión

$$Z_t(X_\ell - X_L) + \tg\theta(R_\ell R_L - X_\ell X_L - Z_t^2) = 0$$

$$Z_t(X_\ell - X_L) + \frac{R_\ell Z_t - R_L Z_t}{R_\ell X_L + R_L X_\ell}\cdot(R_\ell R_L - X_\ell X_L - Z_t^2) = 0$$

$$(X_\ell - X_L) + \frac{R_\ell - R_L}{R_\ell X_L + R_L X_\ell}\cdot(R_\ell R_L - X_\ell X_L - Z_t^2) = 0$$

$$\boxed{Z_t = \sqrt{\frac{\dfrac{X_\ell - X_L}{R_\ell - R_L}}{R_\ell X_L + R_L X_\ell} + R_\ell R_L - X_\ell X_L}}$$

Como siempre Zo = Ro (resistencia pura)

$$Z\ell = Zo \rightarrow X\ell = 0$$

$$\boxed{Z_t = \frac{-X_L(R_\ell X_L)}{R_\ell - R_L} + R_\ell R_L} \qquad \boxed{\theta = \tg^{-1} Z_t \frac{R_\ell - R_L}{R_\ell X_L}}$$

Se puede adaptar una Z_L compleja a una línea de transmisión de impedancia característica Zo.

Cuando la impedancia de carga Z_L es resistiva pura, el trafo de línea es un trafo de λ/4.

14.5 TRANSFORMADOR DE CUARTO DE ONDA

Si $X_L = 0$, las expresiones del trafo de línea se reducen a:

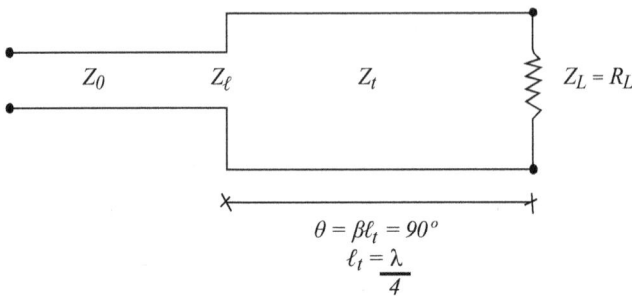

$$Z_t = \sqrt{R_\ell R_L}$$
$$\operatorname{tg}\theta = \infty \Rightarrow \theta = 90°$$

Si varía f, variará la longitud eléctrica del trafo, por lo que no habrá reflexiones sólo si f = f₀.

Para determinar la variación de Γ con la frecuencia (osea con la longitud eléctrica del trafo) se considerará que $Z_L = R_L$ no varía con la frecuencia.

$$Z_\ell = Z_t \cdot \frac{Z_L + jZ_t \operatorname{tg}\theta}{Z_t + jZ_L \operatorname{tg}\theta}$$

$$\Gamma = \frac{Z_\ell - Z_0}{Z_\ell + Z_0} = \frac{Z_t \cdot \dfrac{Z_L + jZ_t \operatorname{tg}\theta}{Z_t + jZ_L \operatorname{tg}\theta} - Z_0}{Z_t \cdot \dfrac{Z_L + jZ_t \operatorname{tg}\theta}{Z_t + jZ_L \operatorname{tg}\theta} + Z_0} =$$

$$= \frac{Z_t Z_L + jZ_t^2 \operatorname{tg}\theta - Z_t Z_0 - jZ_L Z_0 \operatorname{tg}\theta}{Z_t Z_L + jZ_t^2 \operatorname{tg}\theta + Z_t Z_0 + jZ_L Z_0 \operatorname{tg}\theta} = \frac{Z_t(Z_L - Z_0) + j\operatorname{tg}\theta(Z_t^2 - Z_L Z_0)}{Z_t(Z_L + Z_0) + j\operatorname{tg}\theta(Z_t^2 + Z_L Z_0)}$$

CAPITULO 14: Adaptación de líneas de transmisión

$$como \; Z_t = \sqrt{Z_L Z_0} \rightarrow Z_t^2 = Z_L Z_0$$

$$\Gamma = \frac{Z_t(Z_L - Z_0) + j\,\text{tg}\,\theta(Z_L Z_0 - Z_L Z_0)}{Z_t(Z_L + Z_0) + j\,\text{tg}\,\theta(Z_L Z_0 + Z_L Z_0)}$$

$$\Gamma = \frac{Z_t(Z_L - Z_0)}{Z_t(Z_L + Z_0) + j2\,\text{tg}\,\theta Z_L Z_0} =$$

$$= \frac{Z_L - Z_0}{Z_L + Z_0 + j2\,\text{tg}\,\theta \dfrac{Z_L Z_0}{Z_t}} =$$

$$= \frac{Z_L - Z_0}{Z_L + Z_0 + j2\,\text{tg}\,\theta \sqrt{Z_L Z_0}} =$$

Como $Z_L = R_0$ para todo f:

$$|\Gamma| = \frac{Z_L - Z_0}{\sqrt{(Z_L + Z_0)^2 + 4Z_L Z_0 \,\text{tg}^2\,\theta}} =$$

$$|\Gamma| = \frac{1}{\sqrt{(\dfrac{Z_L + Z_0}{Z_L - Z_0})^2 + 4\dfrac{Z_L Z_0 \,\text{tg}^2\,\theta}{(Z_L - Z_0)^2}}}$$

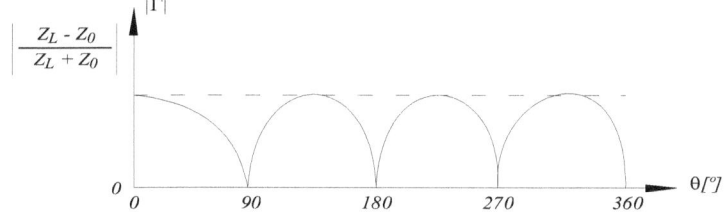

Hay adaptación perfecta cuando ($|\Gamma| = 0$)

$$m\,\lambda/4 \qquad m = 1, 3, 5, \ldots$$

Se puede usar el trafo de cuarto de onda también para los casos en que la Z_L es compleja. Solo que se deberá conectar primero un tramo de línea que puede ser impedancia Z_0) para lograr a una cierta distancia de la carga una impedancia resistiva pura y en ese punto conectar el trafo de $\lambda/4$.

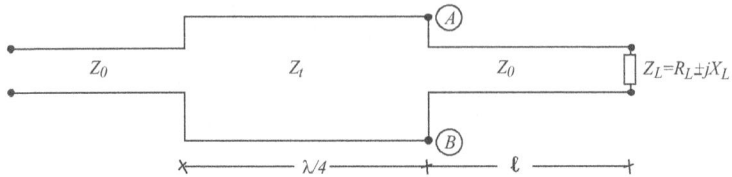

ℓ : longitud tal que la frecuencia f_0 se obtenga a la entrada A) B) una impedancia resistiva pura.

14.6 MÉTODOS DE ANALISIS

14.6.1 Adaptación en paralelo con un Stub

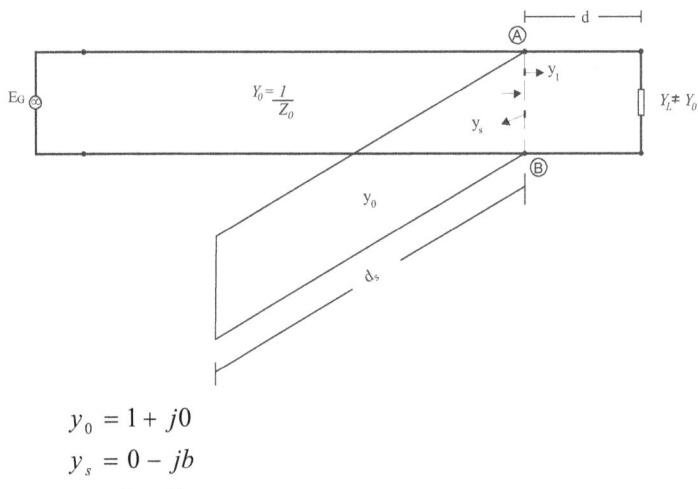

$$y_0 = 1 + j0$$
$$y_s = 0 - jb$$
$$y_1 = 1 + jb$$

El stub (o ramal sintonizador) puede terminar en corto o en circuito abierto. Técnicamente se prefiere el corto pues el circuito abierto tiene una cierta capacidad en la salida, por lo que la impedancia no es infinita.

Sobre los puntos A B, la admitancia será:

$$Y_{AB} = G_{AB} \pm j\, B_{AB} \pm j\, B_S$$

CAPITULO 14: Adaptación de líneas de transmisión

Lo q se desea es que: $G_{AB} = G_O$

$$B_{AB} = -B_S$$

Por lo que:

$$Y_{AB} = G_O = Y_O$$

EJEMPLO: Calcular la longitud del stub y la longitud desde la carga al punto de conexión

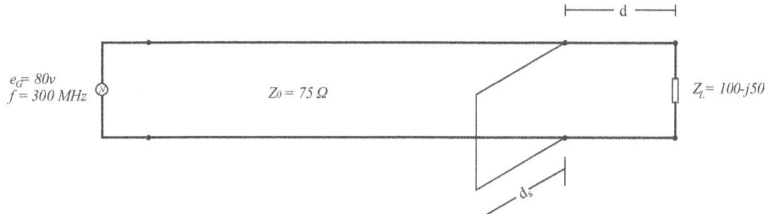

$y_L = 1,33 - j0,66$
$y_L = 0,6 + j0,32$

$\lambda_0 = \dfrac{c}{f} = 1m$ $\lambda_0 = \dfrac{c}{f} = 1m$

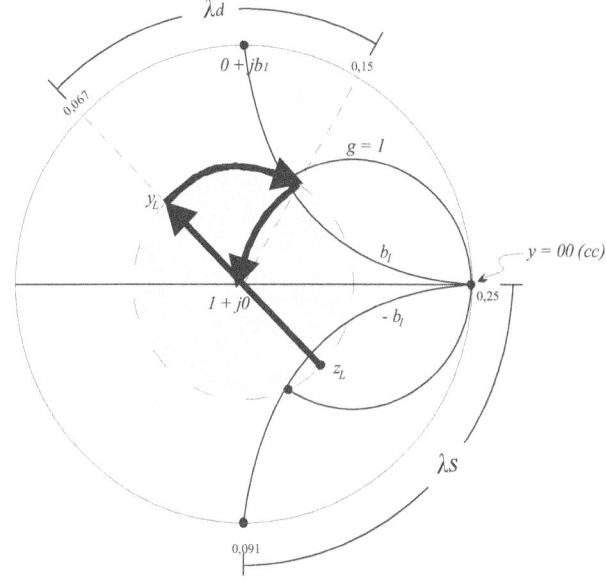

$$d = \lambda_0 . \lambda d = \frac{c}{f} . \frac{\lambda}{d} = 1m(0,15 - 0,067) = 8,3 \, cm$$

$$d_s = \lambda_0 . \lambda s = \frac{c}{f} . \lambda_s = 1m(0,25 - 0,091) = 15,9 \, cm$$

14.6.2 Adaptación con 2 Stubs

La impedancia que presenta una LT al generador, depende de:

$$\gamma$$
$$Z_0$$
$$Z_\ell$$
$$D$$

La adaptación con 2 stubs se usa pues al trabajar con coaxiles es difícil desplazar la longitud de conexión de los stubs a lo largo de la LT.

Variando la longitud de los stubs se ajusta experimentalmente el sistema.

La distancia entre stubs está fijada comercialmente

$$\frac{\lambda}{8} \quad \frac{\lambda}{4} \quad \frac{3\lambda}{8}$$

El esquema es:

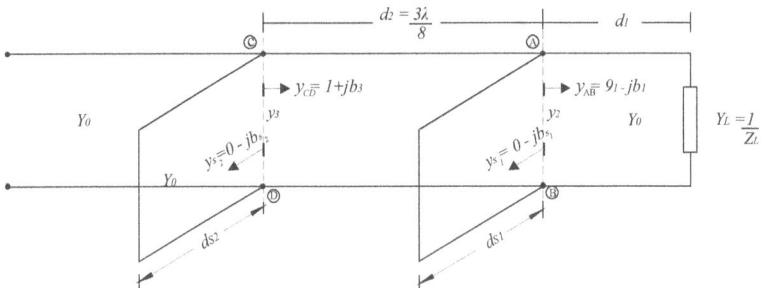

Por estar fijados d_1 y d_2, ds_1 deberá ser tal que la susceptancia b que se agregue en A B permita la posibilidad que transladando la admitancia total y_2

CAPITULO 14: Adaptación de líneas de transmisión

a lo largo de d_2, se obtenga en C D una admitancia cuya parte real sea igual a y_o ($y_3 = 1$), anulando la componente susceptiva con el 2º stub ($bs_2 = -b_3$)

EJEMPLO:

(1º)

$$y_L = \frac{Z_L}{Z_0} = \frac{R_L}{Z_0} - j\frac{X_L}{Z_0} = r - jx$$

$$y_L = \frac{1}{Z_L} = g + jb$$

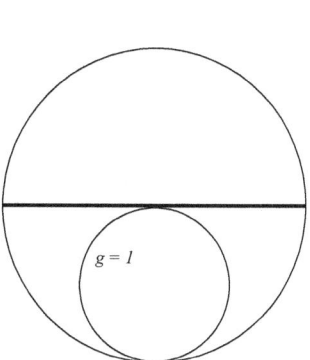

③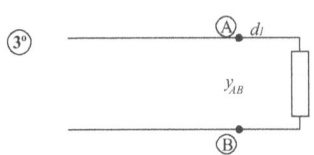

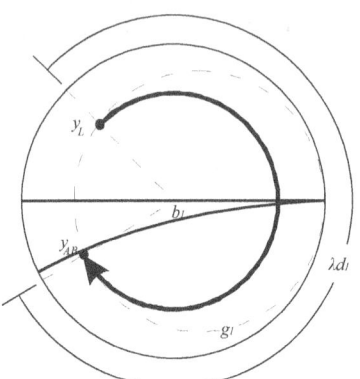

$d_1 = \lambda_{d_1} . \lambda = \lambda_{d_1} . \dfrac{c}{f}$

$y_{AB} = g_1 - jb_1$

$g_1 ; b_1$: del gráfico

$d_1 = \lambda_{d_1} . \lambda = \lambda_{d_1} . \dfrac{c}{f}$

$y_{AB} = g_1 - jb_1$

$g_1 ; b_1$: del gráfico

$\begin{aligned} y_2 &= g_1 - jb_2 & y_2 &= g_1 - jb_2 \\ &= y_{AB} + y_{s_1} & &= y_{AB} + y_{s_1} \end{aligned}$

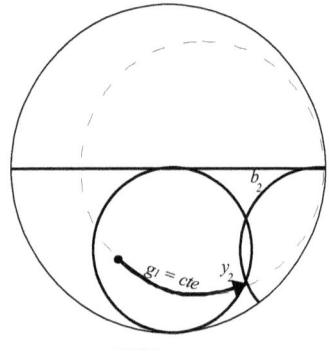

⑤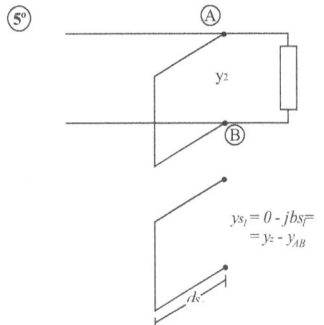

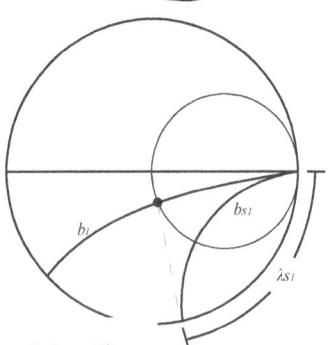

b_{s_1} : del gráfico b_{s_1} : del gráfico

$d_{s_1} = \dfrac{c}{f} . \lambda_{s_1} \qquad d_{s_1} = \dfrac{c}{f} . \lambda_{s_1}$

CAPITULO 14: Adaptación de líneas de transmisión

(6°)

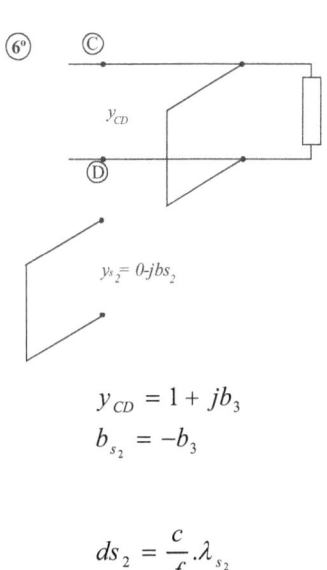

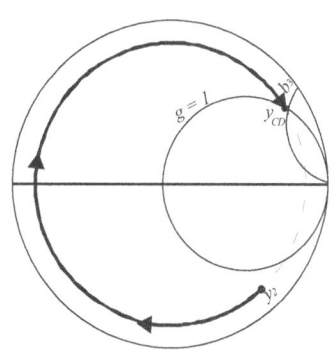

$y_{s_2} = 0 - jbs_2$

$y_{CD} = 1 + jb_3$
$b_{s_2} = -b_3$

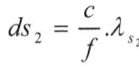

$ds_2 = \dfrac{c}{f} \cdot \lambda_{s_2}$

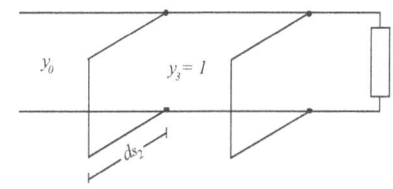

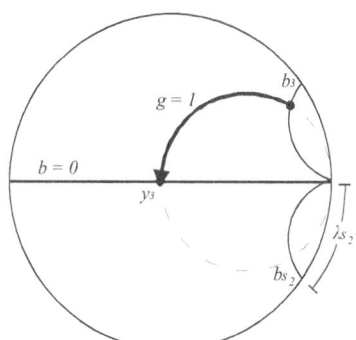

Capítulo 15

RADIACION

15.1 Introducción

La potencia total irradiada por una fuente está dada por la integral, sobre la superficie de una esfera de radio r y que encierra a la fuente irradiante ubicada en su centro, de la componente radial P_r del valor medio del vector de Pointing

$$w = \iint \text{Pr} \, ds$$

w: Potencia total irradiada [w]

Pr: Componente radial de valor medio del vector de Poynting [w/m^2]

Ds: $r^2 \operatorname{sen} \Theta_{d\Theta} dy$: área infinitesimal de la superficie de la esfera [m^2]

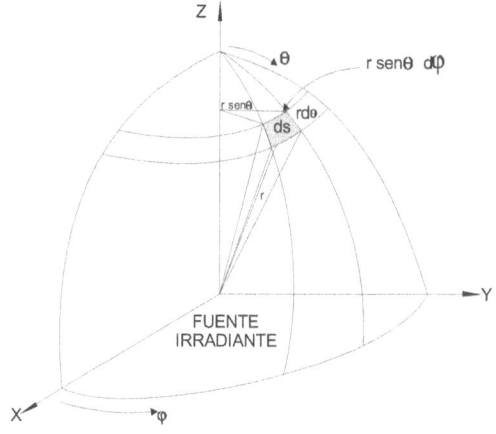

Si la fuente irradia de manera tal que Pr no depende de θ y de φ, o sea que la irradiación de la energía es uniforme en todas las direcciones (fuente isotrópica):

$$w = Pr \iint ds = Pr \int_0^{2\pi} \int_0^{\pi} r^2 \operatorname{sen} \Theta d\Theta dY = Pr 4\pi r^2$$

$$\boxed{Pr = \frac{w}{4\pi r^2}}$$

Se define intensidad de radiación U al producto:
$$\boxed{U = r^2 Pr} \qquad [w/rad^2]$$

La potencia total irradiada será:

$$w = \iint Pr \, dS = \iint \frac{U}{r^2} \, dS = \iint U \operatorname{sen} \theta d\theta d\varphi$$

$\operatorname{sen} \theta d\theta d\varphi$: elemento de ángulo sólido. $= \dfrac{dS}{r^2}$

La potencia total irradiada es la integral de U sobre un ángulo sólido de 4π (toda la superficie de la esfera)

$$U = r^2 Pr = \frac{r^2 . w}{4\pi . r^2} = = \frac{w}{4\pi}$$

U es independiente de r

Para una fuente istrópica:
$$\boxed{W = 4\pi \ U_0 = 41259 \ U_0} \text{ a)}$$

$4\pi rad^2 = 12{,}56{.}57{,}3^2 = 41259$

Si una fuente irradia la misma potencia W en las mismas características que una fuente isotrópica, (o sea $U = U_{MAX} = cte$), pero sólo sobre media esfera:

$$W = \int_0^{2\pi} \int_0^{\pi/2} U_{MAX} \operatorname{sen} \Theta d\Theta d\varphi = 2\pi U_{MAX}$$

$$\boxed{W = 2\pi U_{MAX}} \text{ b)}$$

Como las potencias irradiadas por la dos fuentes son las mismas: a) = b)

$\boxed{2\pi U_{MAX} = 2 = D}$: Directividad

La Representación en los dos planos:

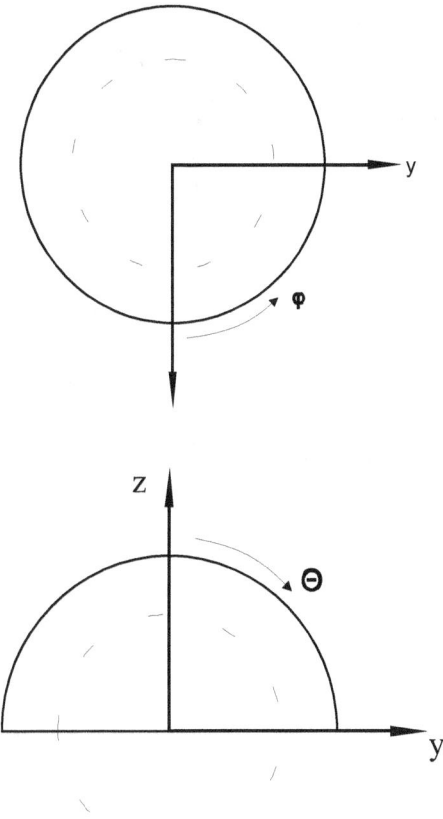

− − − − − Fuente isotrópica

15.2 Radiación de un dipolo elemental

Las antenas cuya longitud es del orden de λ, se estudian previamente con un dipolo elemental pues la suma de estos da una antena práctica.

15.3 Determinación de los campos "E" y "H"

Considerando un cuerpo con una densidad volumétrica ρ de carga:

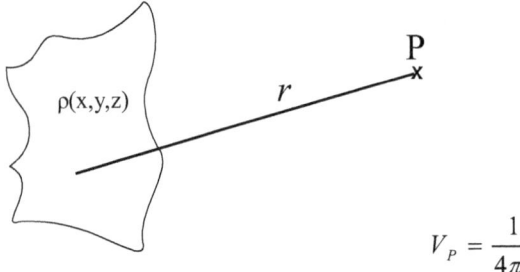

$$V_P = \frac{1}{4\pi\varepsilon} \iiint \frac{\rho}{r}\, dv$$

Si es un conductor por el que circula una densidad de corriente $\overline{J}$:

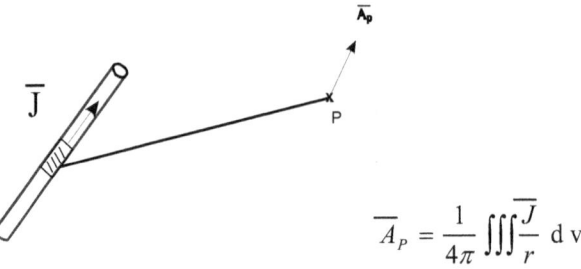

$$\overline{A}_P = \frac{1}{4\pi} \iiint \frac{\overline{J}}{r}\, dv$$

$\overline{A}_P$ = vector potencial EM.

La longitud del elemento a estudiar debe ser tal que permita considerar constante a la corriente a lo largo de todo el elemento ($\ell \ll \lambda$)

El pequeño dipolo elemental tendrá una distribución constante de corriente si en sus extremos se conectan pequeños discos metálicos.

La carga que acumulan estos discos, modifican la condición de cero corriente en los extremos del dipolo.

CAPITULO 15: Radiación

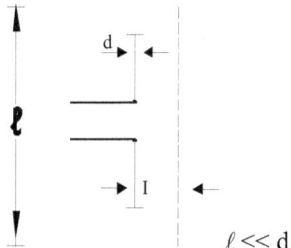

$\ell \ll d$

El dipolo estará ubicado en el centro de coordenadas.

La corriente I produce una perturbación a una distancia del elemento y que cumple con: $H = \nabla \times A$

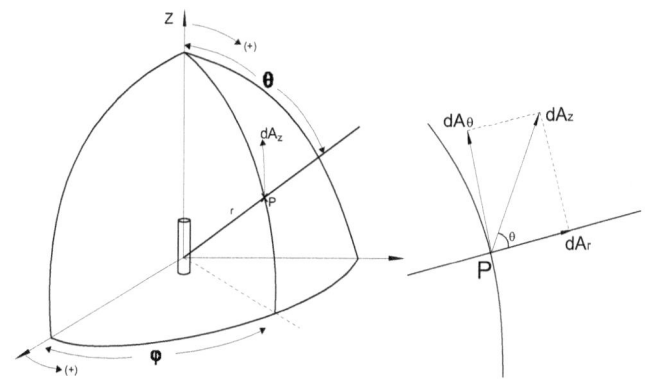

$dAr = dA_z \cdot \cos \Theta$
$dA_\Theta = -dA_z \cdot \operatorname{sen} \Theta$: asume que A_z está en el plano Θ, r
$dA_\varphi = 0$ $\qquad A_z$ no varía según φ :. $dA_\varphi = 0$

La variación de la perturbación producida en P debido a la variación temporal de la corriente sobre el dipolo elemental, se producirá con un retardo: $\dfrac{r}{v}$

v: velocidad de onda (depende del medio)

Si la corriente está en el eje Z, sólo provocará un vector potencial A_z:

$$A_z = \frac{1}{4\pi} \int_{-L/2}^{L/2} \frac{I}{r} \, dz = \frac{1}{4\pi r} \int_{-L/2}^{L/2} I.e^{jw(t-\frac{r}{v})} \, dz =$$

$$= \frac{LI}{4\pi r} e^{j(wt-\beta r)}$$

Siendo:

$$\beta = \frac{w}{v}$$

$4\pi r$: superficie de la esfera de radio Γ que encierra al dipolo elemental.

Para obtener las expresiones de $\overline{E}$ y de $\overline{H}$:

$$\overline{H} = \nabla x \overline{A}_z$$

$$\overline{E} = \frac{1}{j\omega\varepsilon} . \nabla x \overline{H}$$

Se debe obtener :

$$E_r$$
$$E_\Theta$$
$$E_\varphi$$

Se hará a partir de A. También se pueden obtener a partir del potencial escalar

$$V: V = \frac{1}{4\pi\varepsilon} \int_{vol\omega} \frac{\rho}{r} \, dw = \frac{1}{4\pi\varepsilon} \int_\omega \frac{\rho}{r} \, e^{dw(t-\frac{r}{v})}$$

Para determinar el valor de Hφ y considerando coordenadas esféricas:

$$dA_z = \frac{I.d\ell}{4\pi r} . e^{jwt} . e^{-j\beta r}$$

CAPITULO 15: Radiación

$$dH = \nabla \times dA_z = \begin{vmatrix} \dfrac{ar}{r^2 \operatorname{sen} \Theta} & \dfrac{a_\theta}{r \operatorname{sen} \Theta} & \dfrac{a\varphi}{r} \\ \dfrac{\partial}{\partial r} & \dfrac{\partial}{\partial \Theta} & \dfrac{\partial}{\partial \varphi} \\ dA_r & r\,dA_\theta & r \operatorname{sen} \Theta dA\varphi \end{vmatrix}$$

Como la corriente está según Z, sólo existirá

A_φ
A_z No varía según φ = 0

$$dH[\frac{\partial}{\partial r}(dA_\theta) - \frac{1}{r}\frac{\partial}{\partial \Theta}(dA_r)] A_\varphi + [\frac{\partial}{\partial \varphi}(\frac{dA_r}{r \operatorname{sen} \theta}) - \frac{\partial}{\partial \varphi}(\frac{dA\theta}{r \operatorname{sen} \theta})]a_1$$

$$dH\varphi = \frac{1}{r}[\frac{\partial}{\partial r}(rdA_\theta) - \frac{\partial}{\partial \theta}(dA_r)]$$

$$= \frac{1}{r}[\frac{\partial}{\partial r}(-rdA_z \operatorname{sen} \theta) - \frac{\partial}{\partial \theta}(dA_z \cos \theta)]$$

$$= \frac{1}{r}[\frac{\partial}{\partial r}(\frac{-rId\ell}{4\pi r})e^{j(wt-\beta r)} \cdot \operatorname{sen}\theta) - \frac{\partial}{\partial \theta}(\frac{Id\ell}{4\pi r}e^{j(wt-\beta r)} \cdot \cos\theta$$

$$\frac{Id\ell e^{j(wt-\beta r)}}{4\pi r}[-(-j\beta)\operatorname{sen}\theta - \frac{1}{r}(-\operatorname{sen}\theta)] =$$

$$\boxed{dH\varphi = \frac{Id\ell e^{j(wt-\beta r)}}{4\pi} \cdot \operatorname{sen}\theta(j\frac{\beta}{r}+\frac{1}{r^2})}$$

$Id\ell$: elemento de corriente

e^{jwt} : variación armónica en el tiempo

$e^{-j\beta r}$: lejanía en el espacio

$$\boxed{H\varphi = \frac{I.L.e^{j(wt-\beta r)} \cdot \operatorname{sen}\theta}{4\pi} \cdot (j\frac{\beta}{r}+\frac{1}{r^2})}$$

Aplicando Maxwell para encontrar el campo eléctrico

$$\nabla x H = J + \frac{\partial D}{\partial t} = \varepsilon \frac{\partial E}{\partial t}$$

Pues: J=0

Considerando la variación temporal

$$\nabla x H e^{jwt} = \varepsilon \tfrac{\partial}{\partial t}(E e^{jwt}) = jw\varepsilon E e^{jwt}$$

$$\nabla x H = jw\varepsilon E \nabla$$

$$\boxed{E = \frac{1}{jw\varepsilon} \nabla x H}$$

$H_r = H\theta = 0$

H_φ = no varia según

$$dE = \frac{1}{jw\varepsilon} \nabla x\, d\, H\varphi = \frac{1}{jw\varepsilon} \begin{vmatrix} \dfrac{\overline{a}_r}{r^2 \operatorname{sen}\theta} & \dfrac{\overline{a}_\theta}{r\operatorname{sen}\theta} & \dfrac{\overline{a}\varphi}{r} \\ \partial/\partial r & \partial/\partial \theta & \partial/d\varphi \\ 0 & 0 & r.\operatorname{sen}\theta dH_\varphi \end{vmatrix} =$$

$$= \frac{1}{jw\varepsilon}[\underbrace{\frac{\nabla \overline{a}_r}{r^2 \operatorname{sen}\theta} \cdot \frac{\partial}{\partial \theta}(r.\operatorname{sen}\theta dH_\varphi)}_{dE_r} - \underbrace{\frac{\overline{a}_\theta}{r\operatorname{sen}\theta} \cdot \frac{\partial}{\partial r}(r\operatorname{sen}\theta dH_\varphi)}_{dE_\theta}]$$

$$dEr = \frac{1}{jwe} \cdot \frac{1}{r^2 \operatorname{sen}\theta} \cdot \frac{\partial}{\partial \theta} \left\{ \gamma.\operatorname{sen}\theta[\underbrace{\frac{Id\ell e^{j(wt-\beta r)}}{4\pi} \cdot \operatorname{sen}\theta(j\frac{\beta}{\gamma} + \frac{1}{r^2})}_{dH_\varphi}] \right\}$$

$$\frac{\partial}{\partial \theta}(\operatorname{sen}^2 \theta) = 2\operatorname{sen}\theta \cos\theta$$

$$dE_r = \frac{1}{r^2 \operatorname{sen}\theta} \cdot \cancel{2}.\operatorname{sen}\theta.\cos\theta. \frac{I.d\ell e^{j(wt-\beta r)}}{\cancel{4}\pi} \cdot (j\beta + \frac{1}{r})$$

2

$$= \frac{I.d\ell.\beta}{jw\varepsilon 2\pi}.e^{j(wt-\beta r)}.\cos\theta(j\frac{1}{r^2}+\frac{1}{\beta r^3})$$

$$\frac{\beta}{w\varepsilon} = \frac{\cancel{w}}{\cancel{w}\varepsilon v} = \frac{\sqrt{u\varepsilon}}{\varepsilon} = \sqrt{\frac{u}{\varepsilon}} = Z_{00} = 120\pi$$

$$dE_r = \frac{Z_{00}.I.d\ell}{2\pi}.e^{j(wt-\beta r)}.\cos\theta(j\frac{1}{r^2}+\frac{1}{\beta r^3})$$

integrando:

$$\boxed{E_r = \frac{Z_{00}.I.L.e^{j(wt-\beta r)}.\cos\theta}{2\pi}.(\frac{1}{r^2} - j\frac{1}{\beta r^3})}$$

Para calcular E_θ:

$$dE_\theta = \frac{-1}{j\omega\varepsilon}\left\{\frac{1}{r.\text{sen}\,\theta}.[\frac{\partial}{\partial r}(r.\text{sen}\,\theta\frac{I.d\ell}{4\pi}e^{j(wt-\beta r)}.\text{sen}\,\theta(j\frac{\beta}{r}+\frac{1}{r^2})]\right\} =$$

$$= \frac{I.d\ell.e^{jwt}}{jw\varepsilon 4\pi r}.\text{sen}\,\theta.\frac{\partial}{\partial r}[e^{-j\beta r}(j\beta + \frac{1}{r})]$$

$$\frac{\partial}{\partial r}[e^{-j\beta r}.(j\beta - \frac{1}{r})] = \frac{\partial}{\partial r}(j\beta e^{-j\beta r} + \frac{e^{-j\beta r}}{r}) =$$

$$= j\beta(-j\beta)e^{j\beta r} + \frac{(-j\beta r.r - e^{-j\beta r})}{r^2} =$$

$$= e^{j\beta r}(\beta^2 - j\frac{\beta}{r} - \frac{1}{r^2})$$

$$dE_\theta = -\frac{I.d\ell.e^{j(wt-\beta r)}.\text{sen}\,\theta}{jw\varepsilon 4\pi r}.(\beta^2 - j\frac{\beta}{r} - \frac{1}{r^2})$$

$$= \frac{Id\ell e^{j(wt-\beta r)}\text{sen}\,\theta}{jw\varepsilon 4\pi r}(-\beta^2 + j\frac{\beta}{r} + \frac{1}{r^2}) =$$

$$= \frac{I.d\ell.\beta e^{j(wt-\beta r)}.\text{sen}\,\theta}{w\varepsilon 4\pi}(-\frac{\beta}{jr} + \frac{j}{jr^2} + \frac{1}{\beta jr^3}) =$$

$$= \frac{Z_{00}Id\ell e^{j(wt-\beta r)} \operatorname{sen}\theta}{4\pi}(j\frac{\beta}{r}+\frac{1}{r^2}-j\frac{1}{\beta r^3})$$

$$\boxed{E_\theta = \frac{Z_{00}.I.Le^{j(wt-\beta r)} \operatorname{sen}\theta}{4\pi}(j\frac{\beta}{r}+\frac{1}{r^2}-j\frac{1}{\beta r^3})}$$

E_θ y H_φ tienen términos en 1/r, por lo que son los más unidos que existen lejos del dipolo elemental: campos de radiación

$$\boxed{E_\theta = \frac{j\beta Z_{00}I.L \operatorname{sen}\theta e^{(wt-\beta r)}}{4\pi}} \quad \boxed{H_\varphi = \frac{j\beta IL \operatorname{sen}\theta e^{j(wt-\beta r)}}{4\pi r}}$$

$$\boxed{\frac{E_\theta}{H_\varphi} = Z_{00} = 120\pi}$$

E_r, E_θ y H_φ varían según $\frac{1}{r^2}$ por lo que existen en las cercanías del dipolo: campos de inducción.

$$\boxed{E_r = \frac{Z_{00}I.L \cos\theta e^{j(wt-\beta r)}}{2\pi r^2}} \quad \boxed{E_\theta = \frac{Z_{00}IL \operatorname{sen}\theta}{4\pi r^2}e^{j(wt-\beta r)}}$$

$$\boxed{H_\varphi = \frac{I.L.\operatorname{sen}\theta}{4\pi r^2}e^{j(wt-\beta r)}}$$

Los cuerpos de radiación e inducción serán iguales cuando

$$\frac{\beta}{r}=\frac{1}{r^2} \to \beta = \frac{2\pi}{\lambda}=\frac{1}{r} \to r = \frac{\lambda}{2\pi} \approx \frac{\lambda}{6}$$

E_r y E_θ varían según $\frac{1}{r^3}$ por lo que sólo existen muy cerca del elemento irradiante y se deben a las cargas acumuladas fundamentalmente en los extremos de dipolo: campos electroestáticos.

$$\boxed{E_r = -j\frac{Z_{00}I.L.\cos\theta}{\beta 2\pi r^3}e^{j(wt-\beta r)}}$$

$$\boxed{E_\theta = -j\frac{Z_{00}IL \operatorname{sen}\theta}{\beta 4\pi r^3}e^{j(wt-\beta r)}}$$

Capítulo 16

ANTENAS

16.1 Naturaleza de la radiación electromagnética:

La información enviada desde un Tx a un Rx radio eléctrico llega después de viajar en forma de energía electromagnética (E.M.). Este tipo de energía está compuesta por dos campos; uno eléctrico y otro magnético: las líneas de fuerza del campo eléctrico E están paralelas al eje del elemento radiante (antenas) y las líneas de fuerza del campo magnético (H) son perpendiculares a dicho campo.

La propagación se realiza en forma transversal a las líneas de fuerza de ambos campos.

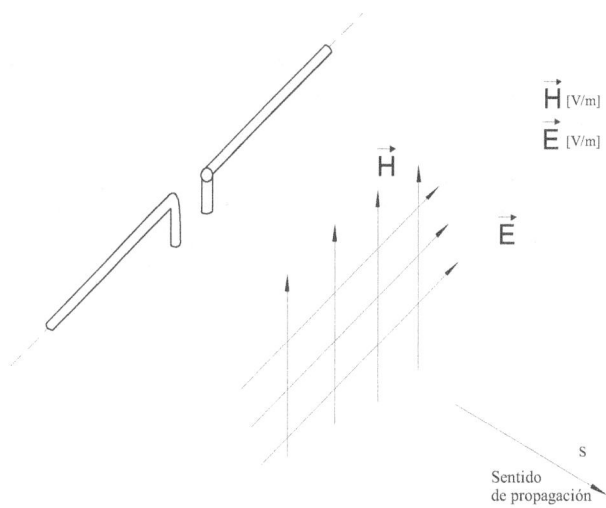

La mayor o menor concentración de líneas de fuerza en un punto determinado del espacio es directamente proporcional a la potencia irradiada por la antena.

Además la orientación de E da la polarización de la antena.

16.2 Constantes del espacio

El espacio como receptor de la energía radiada por la antena es el conductor de dicha energía y presenta como características interesantes los siguientes parámetros:

- Constante dieléctrica: $\varepsilon_0 = 8{,}85 \times 10^{-12}$ [Coul^2/N×m^2=F/m]
- Permitividad Magnética: $\mu_0 = 4\pi \times 10^{-7}$ [H/m=V×s/A×m=Wb/A×m]
- Velocidad de propagación: $C = 1/\sqrt{\varepsilon_0 \times \mu_0} = 3 \times 10^8 [m/s]$
- Impedancia característica: $Z_0 \neq \sqrt{\mu_0/\varepsilon_0} = 120\pi\,\Omega = 377[\Omega]$

16.3 Dipolo elemental

El estudio del dipolo se justifica ya que casi todas las antenas pueden estudiarse e interpretarse a partir de este.

- Radiación de un elemento puntual:

Podemos imaginar un punto radiador en el espacio, el mismo emite energía en todas direcciones por igual, con lo que el diagrama de radiación en cualquier plano sería un círculo. Si tomamos un plano determinado el diagrama será el de circunferencias concéntricas que se alejan del punto a la velocidad de la luz como indica la figura.

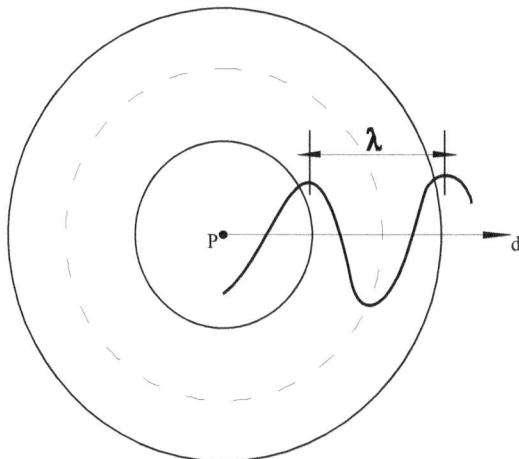

En dicha figura los máximos positivos son en línea llena y los negativos en línea puntuada. Un radiador con estas características representa un radiador isotrópico OMNIDIRECCIONAL.

Si ahora colocamos otro punto radiante a $\lambda/2$ del anterior y que radia en fase, veremos que el diagrama de radiación se modifica ya que existen zonas en las que los máximos positivos de uno y otro punto radiante se superponen, como así también sucede con los máximos negativos. Pero en otras zonas, la superposición de máximos es de signos contrarios por lo que se anulan. Esto determina que tengamos radiación solo en ALGUNAS direcciones; de esta manera podemos decir que un elemento que posee estas características de radiación se denomina DIRECCIONAL.

16.4 Dipolo de Hertz

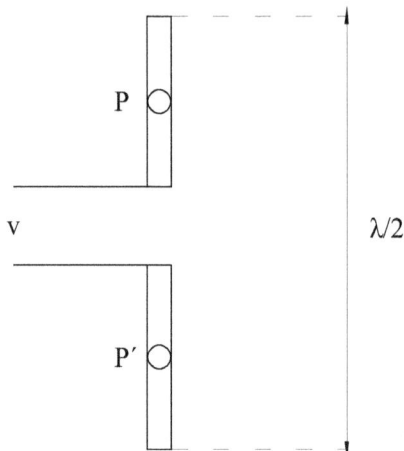

Para trazar el diagrama de radiación de un dipolo nos ayudamos con un medidor de campo, el cual moveremos en el espacio cercano a la antena. Si tomamos un determinado valor de campo y marcamos en el espacio todos los puntos en que tengo dicho valor habré logrado el ángulo solido de radiación. Como la interpretación de este grafico en tres dimensiones es complicado conviene representarlo con tres planos perpendiculares entre sí.

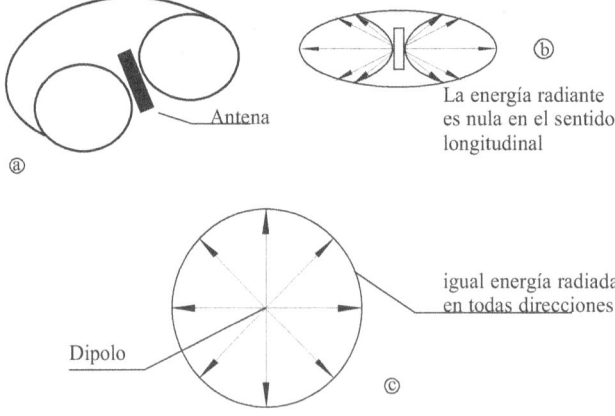

CAPITULO 16: Antenas

16.5 Equivalente eléctrico de una antena

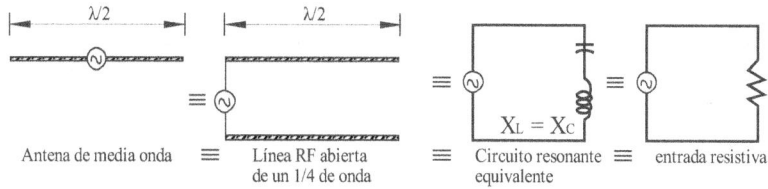

(a) La antena de longitud correcta es una carga resistiva para el generador

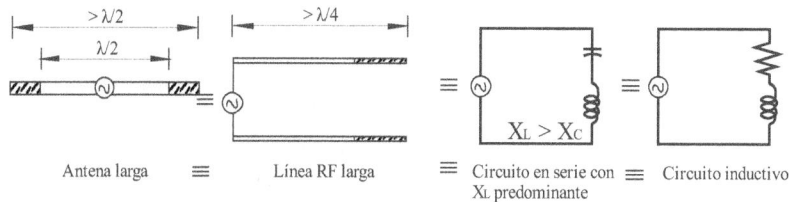

(b) La antena mas larga de media onda es una carga inductiva para el generador

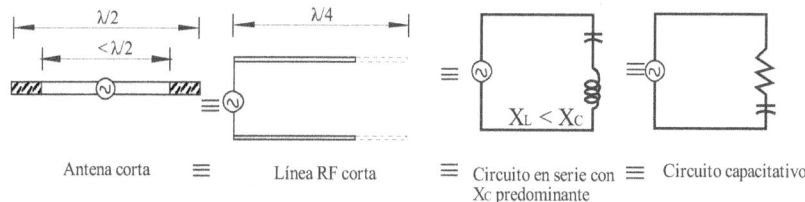

(c) La antena mas corta de media onda es una carga capacitativa para el generador

Agregar inductancia en serie para hacer que la antena sea eléctricamente mas larga

Agregar capacidad en serie para hacer que la antena sea eléctricamente mas corta

(d) Efecto de agregar reactancia a un dipolo

16.6 Funciones primordiales de la antena

16.6.1 Convierte la energía eléctrica procedente de un generador en energía electromagnética que se propaga libremente en el espacio.

16.6.2 Adapta la impedancia interna del generador a la impedancia del espacio.

16.7 Parámetros de una antena

16.7.1 Impedancia característica (Z_0)

Depende de la relación longitud diámetro del conductor, de la frecuencia de trabajo y de la distancia al punto de alimentación de la antena por lo que la misma varía a lo largo del conductor. Comúnmente en el cálculo se utiliza la Zo media (Zo)

Zo para un momoplo es igual:

$$Zo = 60 \times (Ln\, Ho\, /\, a - 1 - 1\,/\,2 \times Ln2Ho\, /\, \lambda$$

Zo para un dipolo es igual:

$$Zo = 120 \times (Ln\, Ho\, /\, a - 1 - 1\,/\,2 \times Ln2Ho\, /\, \lambda$$

Donde:

Ho = altura física
A = radio del conductor } Todas en la misma unidad
λ = longitud de onda

10.7.2 Resistencia de radiación

Este parámetro está relacionado con la potencia de radiación de la antera (Pε), es decir con el valor medio del flujo de energía electromagnética que pasa por unidad de tiempo a través de la superficie que envuelve la antena. Dicha potencia es activa, motivo por el cual se la puede expresar por medio de una resistencia pura llamada resistencia de Radiación:

$$R\varepsilon = P\varepsilon / I^2$$

Donde I es el valor eficaz de la corriente en la antena.

Podríamos también definir la resistencia de radiación como aquella resistencia pura que disipa la misma potencia que radia la antena circulando por ambas la misma corriente. La expresión de esta resistencia por medio de un numero puro no implica un calentamiento de la antena, ya que si este existiera representaría una perdida por efecto Joule.

Para cada tipo de antena existe una expresión de la resistencia de radiación a la que se llega luego de una larga deducción matemática.

En estas expresiones vemos que la $R\varepsilon$ depende de la longitud del conductor y de la frecuencia de trabajo.

$R\varepsilon(dipolo) = 800 \times Le^2 / \lambda^2$

$R\varepsilon(monopolo) = 1600 \times He^2 / \lambda^2$

Nota: para demostración remitirse a "Fundamentos de Antenas" de Belotserkovski. Pág. 5 a 10.

Algo que debemos notar es el valor que debe tener $R\varepsilon$: ¿"pequeño o grande?"

Grande, pues a medida que mayor sea $R\varepsilon$, mayor será la potencia radiada para una misma corriente ya que:

$$P = E \times I = I^2 \times R$$

Para nuestro caso $P\varepsilon = I^2 \times R\varepsilon$

16.7.3 Resistencia de pérdida

El concepto es similar al anterior, representa la potencia perdida por el calentamiento en los conductores, aisladores, elementos cercanos a la antena, etc. o sea que también puede ser representada por una resistencia pura.

$$Rp = Pp/I^2$$

17.7.4 Resistencia activa total

Es la resistencia que presenta la antena a la potencia total entregada.

$$Pa = P\varepsilon + Pp = I^2 \times (R + Rp)$$

16.7.5 Rendimiento total

$$\eta A = P\varepsilon / Pa = I^2 \times R\varepsilon / I^2 \times Ra = R\varepsilon / R\varepsilon + Rp$$

Es obvio que si toda la potencia de entrada es radiada el rendimiento es del 100%

16.7.6 Directividad

Si la densidad de flujo de la potencia radiada de una antena es diferente en distintas direcciones y a la misma distancia de la misma, se dice que la antena es direccional. En rigor de verdad, la única antena no direccional es el radiador isotrópico (radiador hipotético). Esta particularidad de dar distintas densidades de flujo se llama ganancia directiva.

Para el estudio de la radiación de una antena se supone su punto medio situado en el centro de un sistema de coordenadas esféricas, para así poder calcular el calor de $\vec{E}$ y $\vec{H}$ en cada punto de las esferas con centro en el sistema de ejes. La ganancia directiva es función de la longitud o altura efectiva y de la Rε.

Se llama ancho del diagrama de directividad D a la relación que existe entre la densidad de flujo dada en un punto por una antena direccional y por un radiador isotrópico siendo iguales las potencias radiadas por ambas.

16.7.7 Impedancia de entrada

La impedancia de entrada está compuesta por una parte activa, que es la resistencia total Ra, y una reactiva (la que puede ser inductiva o capacitativa) que va a depender de las características físicas de la antena (longitud y diámetro).

Si la longitud es próxima a ¼ long. de onda se comporta como un circuito resonante serie y cuando se aproxima a ½ long. de onda se comporta como un circuito resonante paralelo.

CAPITULO 16: Antenas

En la práctica se calcula la antena para que resuene a la misma frecuencia del generador con lo que se anula la parte reactiva de la impedancia de la antena.

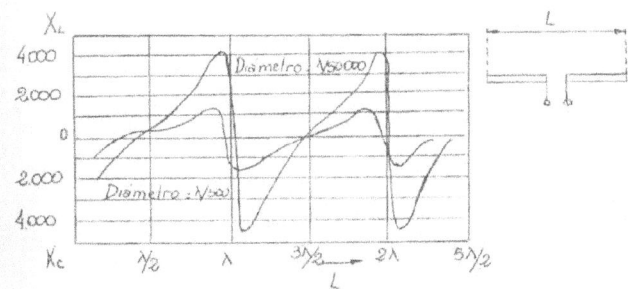

En el gráfico observan puntos de reactancia nula en $\lambda/2$, λ, $\lambda 3/2$, etc..

Para $\lambda/2$ existe un pequeño valor de L; para tener L = 0 se debe lograr una antena algo más corta que $\lambda/2$, lo cual tiene su explicación en el acortamiento que sufre la longitud de onda en la antena ya que la velocidad de propagación en el espacio es algo mayor a la que se tiene en la antena.

Las dos curvas del gráfico han sido tomadas para antenas de distinto diámetro y observamos que a medida que la antena es más fina tiene mayores picos debido a que tengo mayor 0.

En el gráfico siguiente se representa la parte resistiva de la impedancia de entrada para el dipolo de media onda.

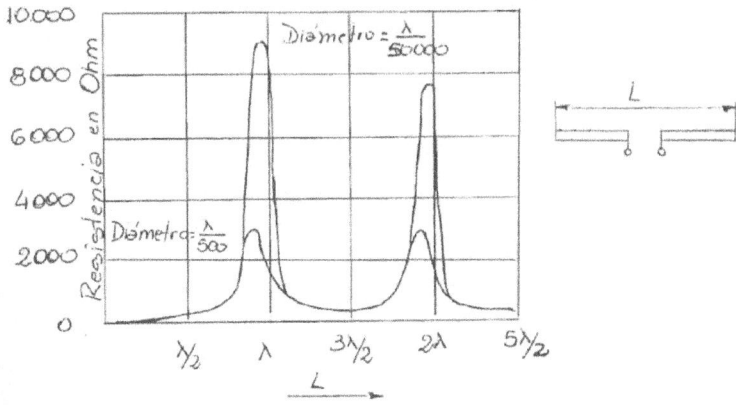

16.7.8 Altura o Longitud efectiva

En una antena la distribución de corriente no es uniforme en toda su longitud.

Si a esta antena le agregamos capacidades en sus extremos obtenemos una distribución uniforme de corriente con lo que para radiar la misma energía debo cortar la antena. A esta longitud reducida se la llama Longitud Efectiva.

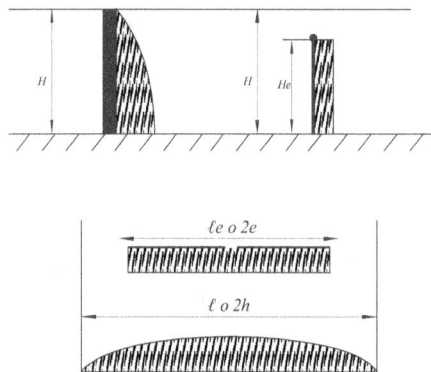

Prácticamente, el acortamiento es del 6%.

16.7.9 Longitud eléctrica

Cuando vimos la distribución de corriente en el dipolo se nos planteó teóricamente que en los extremos la corriente es cero. Experimentalmente esto no se da y su explicación está en que en los extremos la XL es ligeramente mayor a la Xc lo que hace reducir Xo puntual (este efecto se llama efecto terminal).

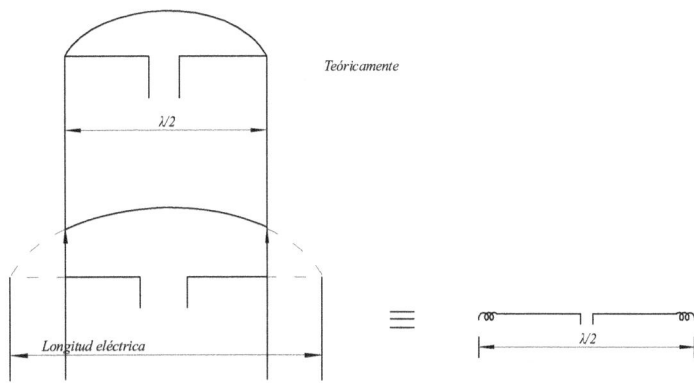

Lo que produce un alargue aparente de la antena, por lo que nosotros debemos hacer nuestra antena más corta para contrarrestar el efecto; este acortamiento es del 5 al 6%.

16.7.10 Q y ancho de banda

Determinada la variación de frecuencia respecto a la de trabajo permitida por la antena para que ésta tenga un rendimiento aceptable, o sea que la potencia no caiga más de 3 dB.

16.8 Distribución de tensión y corriente en un dipolo

Supongamos una línea de trasmisión terminada con una impedancia infinita como lo indica la figura.

Aquí vemos que la distribución de tensión es tal que en el extremo tenemos un máximo de tensión y consecuentemente un mínimo de corriente.

Si tomamos al último cuarto de λ de la línea de trasmisión y vamos separando las ramas, las condiciones de tensión y corriente no se alteran. Si ubicamos las ramas a 180 grados habremos logrado una configuración equivalente a una antena de $\lambda/2$.

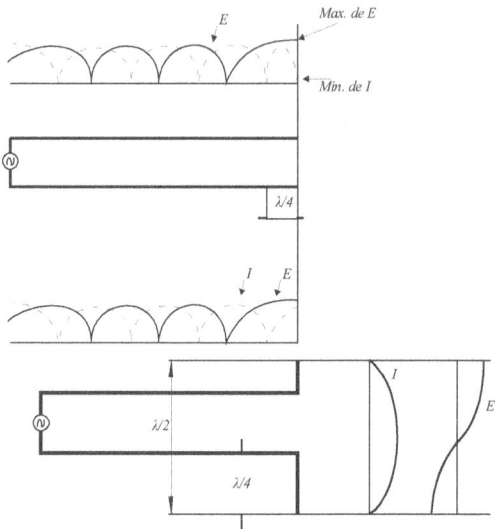

16.9 Dipolo Plegado

El dipolo plegado está constituido por dos o más dipolos rectos unidos en paralelo. Esto es posible ya que la corriente en los extremos del dipolo es nula y a su vez la tensión en dicho extremo tiene el mismo potencial; todas estas características hacen que no se altere el funcionamiento de la antena.

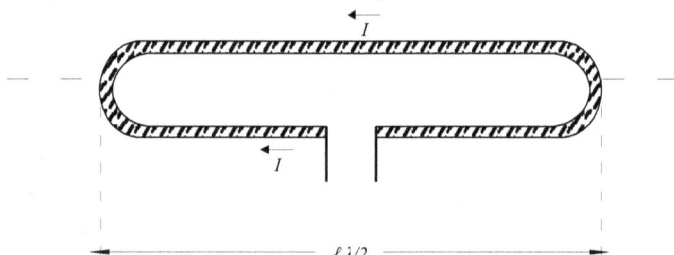

La Separación entre los dipolos debe ser pequeña, por ejemplo $\lambda/10$ para que las corrientes estén en fase en ambos conductores.

Nosotros teníamos, en el dipolo recto que:

CAPITULO 16: Antenas

$$P = I^2 \times R \qquad R = P/I^2 \cong 73\Omega$$

En el dipolo plegado (de dos elementos) la corriente se duplica, con lo que la resistencia se cuadriplica.

$$P = (2I)^2 \times R \qquad R = P/4I^2 = 292 ohms$$

Con esto se ve que el dipolo plegado irradia la misma potencia que el recto, pero con la mitad de corriente.

Generalizando en el caso de unir más de dos dipolos rectos en paralelo:

$$R = N^2 \times 73 \qquad \text{Donde N es el número de ramas en paralelo}$$

Las características direccionales del dipolo plegado no difieren apreciablemente de las del simple y las variaciones de impedancia son más lentas, lo cual le confiere mayor ancho de banda operativo.

16.10 Elementos Parásitos (pasivos)

La necesidad del uso de elementos parásitos surge de dos causas:

1) Hasta ahora habíamos supuesto las antenas aisladas en el espacio, mientras que en la realidad cualquier superficie conductora en las proximidades del elemento radiante (activo) produce sensibles modificaciones en sus características.

2) Por lo general las antenas de uso común no están conformadas por un dipolo únicamente ya que sus características direccionales no satisfacen los requerimientos prácticos, ya que generalmente se necesita gran directividad. Esta directividad se logra con un conjunto de antenas ubicadas convenientemente donde se puede exitar la totalidad de las antenas a través de un generador con la fase requerida, o bien se puede conectar un solo elemento al generador y las restantes se exitan por inducción.

Todo elemento no conectado directamente al generador se denomina PARASITO. Estos elementos reciben energía del elemento activo y la re - irradian produciendo una modificación del lóbulo de irradiación de elemento activo. Se disponen paralelamente al elemento activo y la separación entre si depende del tipo de lóbulo requerido. La finalidad del uso de este elemento parásito es hacer directivas las antenas, o sea que en algunas direcciones el campo $\vec{E}$ irradiado por el elemento parásito se sumará al del elemento activo y en otras direcciones se restará.

La separación entre los elementos activos y pasivos también influye en la ganancia de la antena ya que ésta será máxima para 0.15 λ del reflector y para 0,1 λ en el director con lo que se consigue una ganancia de 6 dB con respecto al elemento activo solo, aunque a veces conviene sacrificar un poco de ganancia para mejorar la relación adelante / atrás (front / back).

Cuando el sentido de la máxima radiación va del elemento parásito al activo este parásito se llama REFLECTOR; si es a la inversa se lo lama DIRECTOR.

16.11 Yagi

Este tipo de antena hace uso simultáneamente de los elementos parásitos reflectores y directores. Se usa generalmente un solo reflector y uno o más directores parásitos.

Los elementos parásitos reducen la impedancia del dipolo, por lo cual se usa el dipolo plegado para compensar este defecto dando como resultado las clásicas antenas de T.V, no por aire.

$$\ell_{ACT} = \ell\, dipolo = \frac{\lambda}{2}[m] \} \; DIPOLO\; DE\; HERTZ$$

$$\ell refl = 1,05\ell\; Dipolo$$

$$\ell director = 0,95\ell\; Dipolo$$

En términos prácticos, para el cálculo del elemento activo en una antena Yagi (es decir, la antena propiamente dicha) se debe considerar una disminución del 5% respecto del valor teórico original (denominado "efecto punta").

$$\ell_{ANT} = \ell_{ACT} = 0,95\, \lambda\, /\, 2$$

CAPITULO 16: Antenas

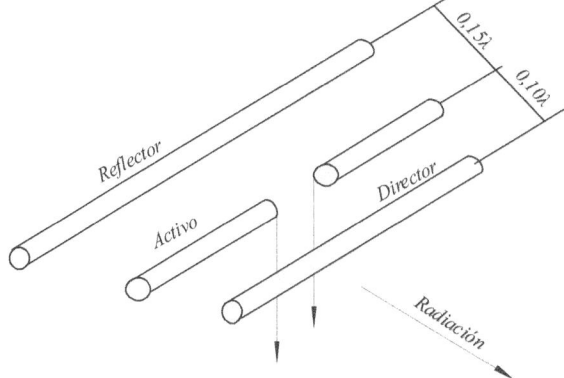

Capítulo 17

FIBRAS OPTICAS

17.1. INTRODUCCIÓN

La necesidad de comunicación del hombre es un elemento inherente a su propio desarrollo y evolución.

Es por ello que en esta permanente búsqueda de "más y mejor", trate de lograr nuevos sistemas confiables para lograr su propósito de transmitir información y comunicarse cada vez más lejos.

Y así como en la historia de la humanidad existen hitos tecnológicos que signaron los saltos relevantes del desarrollo del hombre (la máquina de vapor, el transistor, la computadora, etc.), no podrá dejar de incluir en esa lista a un elemento que, si bien físicamente es del grosor de un cabello, tiene una capacidad de aplicaciones aún no totalmente explotadas: la fibra óptica (FO).

17. 2. HISTORIA

La vinculación entre dos puntos distantes por medios luminosos, fue una de las primeras maneras que tuvieron los hombres para comunicarse a distancia (por ejemplo, señales de humo).

Ya a fines del siglo XVIII se llevan a cabo intentos de enlaces por medios totalmente ópticos a través de la atmósfera. La atenuación del medio (lluvia, niebla, etc.), la baja potencia de las fuentes lumínicas y las dificultades mecánicas en la instalación, hicieron que no prosperaran totalmente estos sistemas.

A principios del siglo XX se estudió la propagación de una señal lumínica a través de varillas de vidrio, comenzando a delinearse lo que actualmente son las comunicaciones por fibras ópticas.

Pero recién con la invención del láser (año 1960), se obtiene una fuente de energía que permite disponer de mayores niveles de señal en el punto transmisor. En el inicio de los años 70 se construye el primer diodo láser semiconductor de AlGaAs, capaz de operar en forma continua a la temperatura ambiente; sin embargo, la vida de aquellos dispositivos era de sólo unas horas.

Desde entonces los progresos se han multiplicado. Hoy es normal disponer de diodos láser con más de 100.000 horas de vida media. Junto con esto, los métodos de purificación de la varilla de vidrio (cuarzo que constituye la FO propiamente dicha (atenuación menor de 0,2 dB/Km para FO monomodo en 1,55 µm), permitieron explotar sus posibilidades como un sistema confiable de gran capacidad potencial de transmisión y de información.

17. 3. CARACTERÍSTICAS DE LA FO

\# Material completamente dieléctrico.

\# Atenuación mínima → bajas pérdidas.

\# La atenuación no es función de la temperatura.

\# Gran ancho de banda.

\# Diámetro reducido.

\# Peso reducido.

\# Menor costo que comunicaciones satelitales.

\# Cables pequeños y flexibles.

17. 4. VENTAJAS DE LA FO

\# **BAJA ATENUACIÓN:** permite colocar cables cada vez más largos y sin repetidores intermedios, o bien utilizar menores distancias con fuentes de señal de menor potencia de transmisión.

\# **GRAN ANCHO DE BANDA:** permite ubicar mayor cantidad de canales de información.

MATERIA PRIMA ABUNDANTE Y ECONÓMICA: el dióxido de silicio (SiO2) presente en la arena.

MENOR PESO: la FO tiene una relación de 50 a 1 con respecto a los cables de cobre (50 Kg de cobre equivalen a 1 Kg de FO).

MENOR TAMAÑO: se pueden colocar más cantidad de FO en un cable, ocupando menor volumen que el equivalente con cables de cobre).

ESTABLE CON LA TEMPERATURA: con compensaciones electrónicas, permite un rango de funcionamiento estable entre $-40\ °C$ y $+80\ °C$.

NO INTERFERIBLE: como el vidrio es un aislante, no se pueden inducir señales externas de interferencia, lo que lo hace útil en áreas de riesgo tales como líneas de alta tensión o interior de centrales nucleares.

INVIOLABILIDAD DE LA COMUNICACIÓN: como la luz se encauza a través de la FO, es prácticamente imposible extraer información de la misma sin alterar algún parámetro de la transmisión. Esto permite detectar inmediatamente el lugar de la pérdida.

DIAFONÍA NULA: no existe ninguna interferencia de una FO sobre otra.

MAYOR DISTANCIA ENTRE REPETIDORAS: al ser un elemento de baja atenuación, permite que las estaciones repetidoras necesarias para regenerar la información transmitida, se encuentren más distanciadas.

USO EN CÁMARAS ACTUALES: su menor tamaño en relación al cable de cobre, le permite ser utilizada en cámaras telefónicas ya existentes cuando se reemplaza a la línea de cobre.

AISLACIÓN ELÉCTRICA ENTRE TRANSMISOR Y RECEPTOR:
pal ser circuitos más simples, elimina los transformadores de aislación necesarios en un enlace de una línea telefónica de cobre.

EXCELENTE FLEXIBILIDAD: permite ser manipulada más fácilmente y curvada dentro de ciertos límites, con lo que se logra mejor acceso a ciertos lugares respecto del cable de cobre.

17. 5. DEFINICIÓN

La tecnología empleada en las fibras ópticas (FO) se basa en la transmisión de luz a lo largo de filamentos transparentes de vidrio, plástico u otro medio de características ópticas convenientes.

La propagación se funda en la reflexión interna total de luz (un rayo no paralelo al eje, cuando se propaga por una FO de 50 $\Box$m de diámetro puede llegar a reflejarse unas 10.000 veces por metro de fibra).

Una fibra óptica (FO) se define como una "**guía de señales ópticas constituido por un cuerpo inorgánico fibrilar transparente a la frecuencia de trabajo (luz visible o infrarrojo) de baja atenuación y con adecuadas propiedades ópticas para la propagación de una señal a través de ella**".

17. 6. PRINCIPIO

El principio de funcionamiento de una FO se basa en reflexiones múltiples en un medio con características ópticas particulares.

Para su análisis físico, se aplica la ley de Snell de reflexión entre dos medios de características diferentes.

Un rayo de luz incidente, sobre la superficie de separación de dos materiales ópticos transparentes que poseen distintos índices de refracción, sufrirá una reflexión interna total (sin refracción), si se cumple:

- a) El rayo incidente proviene del medio más denso (en sentido óptico).

- b) el ángulo comprendido entre el rayo y la normal a la superficie de separación en el punto de incidencia es mayor que un cierto ángulo crítico θi, el cual depende solamente de esos índices de refracción.

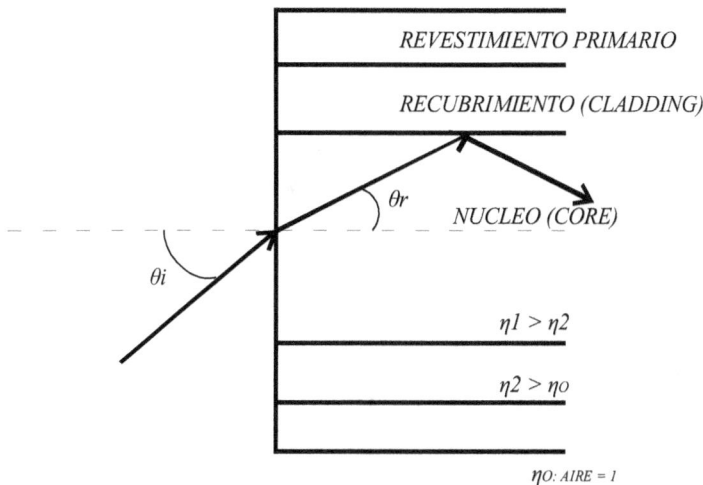

Recordando la ley de Snell:

$$\eta 1 \operatorname{sen} \theta 1 = \eta 2 \operatorname{sen} \theta 2$$

$\eta 1$: índice de refracción del medio 1

$\eta 2$: índice de refracción del medio 2

17. 7. PARÁMETROS

Existen tres parámetros principales que determinan las características de una FO:

- Apertura numérica
- Atenuación
- Ancho de banda

17.7.1 Apertura Numérica (AN)

Indica las dimensiones máximas del ángulo generatriz del cono de ingreso de un haz (lumínico o IR) a la FO.

Considerando el ángulo crítico (reflexión máxima en el interior de la FO: $\theta= 90°$), se tendrá un máximo ángulo de incidencia θi dado por:

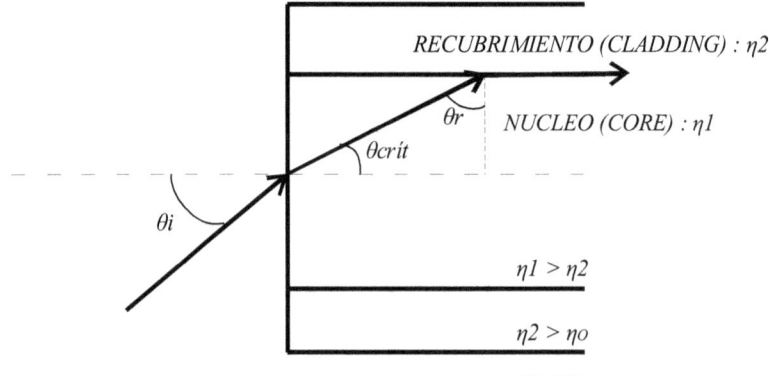

Aplicando la ley de Snell:

$$\eta_0 \operatorname{sen} \theta i = \eta 1 \operatorname{sen} \theta crit$$

$$\eta 1 \sqrt{1 - \cos^2 \theta crit}$$

Como:

$$\cos^2 \theta crit = (\eta 2 / \eta 1)^2$$

Resulta:

$$\eta_0 \operatorname{sen} \theta i = \eta 1 \sqrt{1 - (\eta 2 / \eta 1)^2}$$

Despejando:

$$\operatorname{sen} \theta i = \frac{\eta 1}{\varsigma_0} \sqrt{\frac{\eta_1^2 - \eta_2^2}{\varsigma_1^2}} =$$

$$\sqrt{\frac{\eta_1^2 - \eta_2^2}{\varsigma_0}} =$$

Considerando al índice de refracción del aire ($\eta_0 = 1$), resulta:

$$AN = \operatorname{sen} \theta i = \sqrt{\eta_1^2 - \eta_2^2}$$

Esta ecuación nos da como resultado un número que indica el valor angular del cono de revolución de ingreso a la FO con ángulos de entrada menores al crítico. Por lo tanto, la apertura numérica es el ángulo de revolución que indica el máximo ángulo posible de ingreso de una señal a la FO por debajo del ángulo crítico.

El rango de variación del valor de la AN es:

$$AN \begin{cases} 0,12 \\ T\acute{I}PICO = 0,15 \rightarrow 2\theta i = 17° \\ 0,2 \end{cases}$$

17.7.2 Atenuación

En una FO se define a la atenuación como la magnitud de la disminución de la amplitud de una señal propagada a lo largo de 1 Km de FO.

Su unidad de medición es el dB/Km.

$$[At] = dB/Km$$

La afectación de este parámetro sobre la señal que se propaga en una FO será sobre la disminución de su nivel (no sobre la deformación de la señal), determinando la distancia a la que se deberán colocar amplificadores de señal en un enlace por FO.

17. 7.3 Ancho de banda

En una FO se define al ancho de banda como el rango de longitudes de onda de una señal propagada a lo largo de 1 Km de FO.

Su unidad de medición es el MHz/Km.

La afectación de este parámetro sobre la señal que se propaga en una FO será sobre la deformación de la señal (no sobre la disminución de su nivel), determinando la distancia máxima a la que se deberán colocar regeneradores de señal en un enlace por FO.

Esta deformación se produce por el solapamiento de dos pulsos adyacentes, lo que imposibilita la detección del nivel del mismo. Se definen la ISI (Interferencia Inter Símbolo) y el Jitter como los efectos que provocan esta distorsión.

17. 8. MODOS DE PROPAGACIÓN (MP)

Los MP son la cantidad limitada de caminos posibles de seguir por una señal que ha ingresado a la FO con un ángulo menor al de su AN.

Se define un parámetro intermedio "**V**" llamado frecuencia normalizada, el que vale:

$$V = K.d.AN = K.d.\sqrt{\eta_1^2 - \eta_2^2}$$

Donde:

d : diámetro del núcleo de la FO

λ : longitud de onda de la señal en la FO

$K = 2\pi / \lambda$

El parámetro **V** determina el número "**N**" de modos de propagación MP, según sea el tipo de FO.

CAPITULO 17 Fibras Ópticas

Índice gradual $\rightarrow N = V^2 / 4$
Índice abrupto $\rightarrow N = V^2 / 2$

17. 9. CLASIFICACIÓN

17.9.1 Según el modo de propagación en el núcleo

		Variación η	MP	B [Hz/Km]
F.O.	MULTIMODO	ABRUPTA	400	50
		GRADUAL	200	500
	MONOMODO (O UNIMODO)	ABRUPTA	1	50

17.9.1.1 FO Multimodo

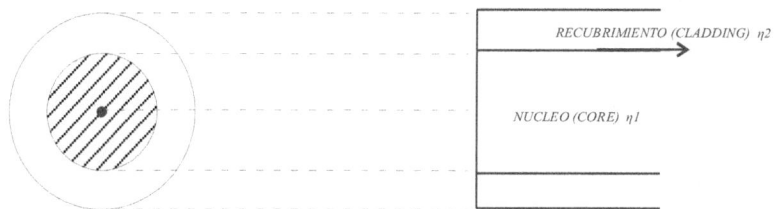

17.9.1.2 FO Monomodo

17.9.2 Según la variación del índice de refracción del núcleo

17.9.2.1 Índice abrupto

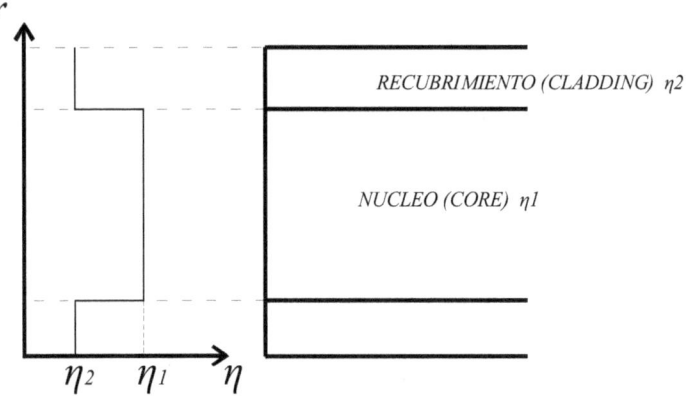

17.9.2.2 Índice gradual

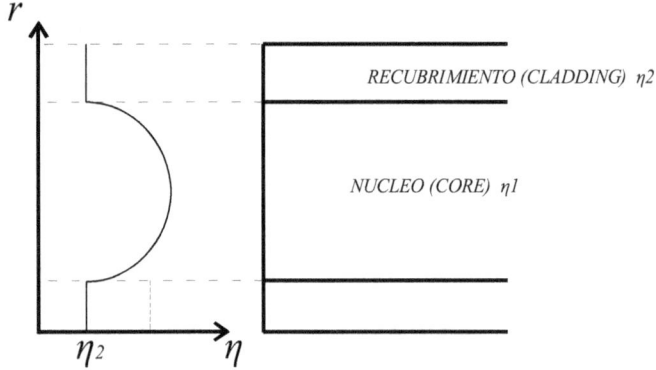

17.9.3 Según la longitud de onda de transmisión

En una FO se definen las ventanas, que son zonas del espectro en que la atenuación es menor y permanece prácticamente constante o es lineal a lo largo de un importante rango de longitudes de onda.

CAPITULO 17 Fibras Ópticas

Inicialmente se definieron tres ventanas, acorde al desarrollo tecnológico histórico de las FO.

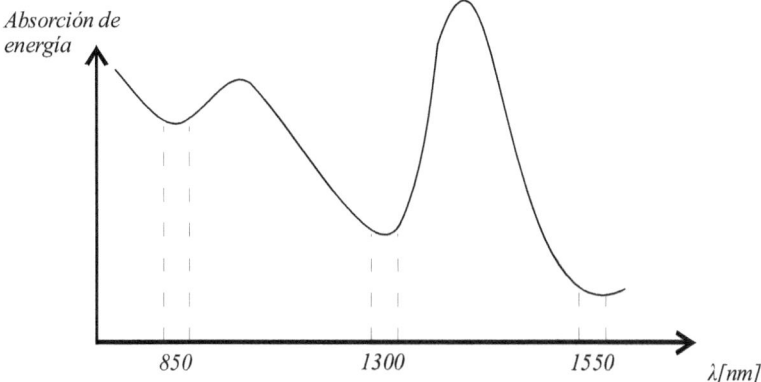

La disminución del valor de atenuación de las FO fue permitiendo el desarrollo de nuevas ventanas para la operación en las mismas. El número de ventana lo da el orden histórico de la tecnología de fabricación del emisor de luz.

- 1° ventana → 850 nm

- 2° ventana → 1.300 nm

- 3° ventana → 1.550 nm

Actualmente existen desarrollos que plantean nuevas ventanas o zonas de trabajo (4° y 5° ventanas).

17.10. DIMENSIONES DE LAS FO

	Diámetro exterior	Diámetro interior
Multimodo	125 μm	50 μm
Monomodo	125 μm	10 μm

Actualmente existen desarrollos que plantean nuevas ventanas o zonas de trabajo (4° y 5° ventanas).

17.11. DISPOSITIVOS

17.11.1. Transmisor óptico

17.11.1.1 Tipos
- DIODO LED
- LASER
- ELED

17.11.1.2 Parámetros
- POTENCIA EMITIDA [dBm]
- ANCHO ESPECTRAL [nm]
- TIEMPO MEDIO ENTRE FALLAS TMEF [horas]
- COSTO [$]

17.11.1.3 Características generales

λ[nm]	Tipo	MATERIAL	POPTICA [mW]	IUMBRAL [mA]	ANCHO ESPECTRAL $\Delta\lambda$[nm]	VIDA horas	$B\alpha 1/\Delta\lambda$ [MHz]
850	LED	As	$\geq 0,05$ (-3 dBm)	-	30-50	10^6	50
	LASER	AsGaAl	>1 (0 a 3 dBm)	50-100	<1	10^5	>200
1300	LED	AsInGaP	0,05 (-15 dBm)	-	60-120	10^6	<100
	LASER		1 (0 dBm)	100-200	<5	10^6	>200

17.11.2. Receptor óptico

17.11.2.1 Tipos
- APD: FOTODIODO DE AVALANCHA

CAPITULO 17 Fibras Ópticas

- PIN: DIODO P – INTRINSECO – N

17.11.2.2 Parámetros
- POTENCIA EMITIDA [dBm]
- VELOCIDAD DE RESPUESTA [ns]
- LINEALIDAD
- RUIDO

17.12. ENLACE CON FO

17.12.1 Sistema básico

El concepto básico de un enlace por FO es el mismo de cualquier sistema de comunicaciones.

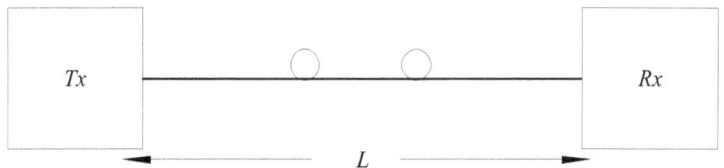

A los fines de su implementación, se debe resolver la ecuación de equilibrio radioeléctrico de los parámetros medidos en dB.

$$SRx > PTx - (Afo \cdot L) - Acon - Aemp - M$$

Siendo:

SRx: Sensibilidad umbral del fotodetector.

PTx: Potencia del transmisor óptico.

Afo: Atenuación de la FO [dB/Km]

L: Longitud de la FO [Km]

Acon: Atenuación de los conectores.

Aemp: Atenuación de los empalmes de la FO.

M: Margen de seguridad para el sistema (4 a 10 dB)

17.12.2 Sistema completo

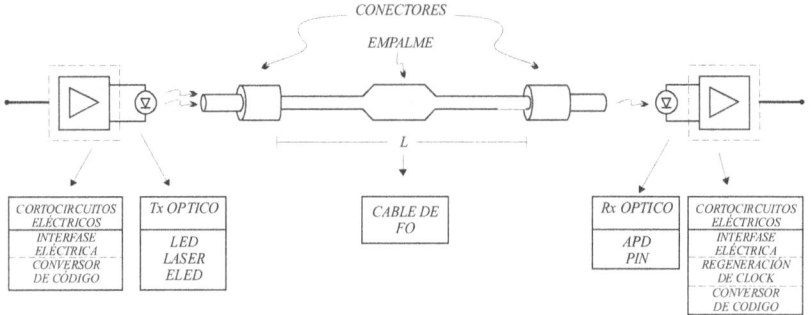

17.12.3. Enlace telefónico

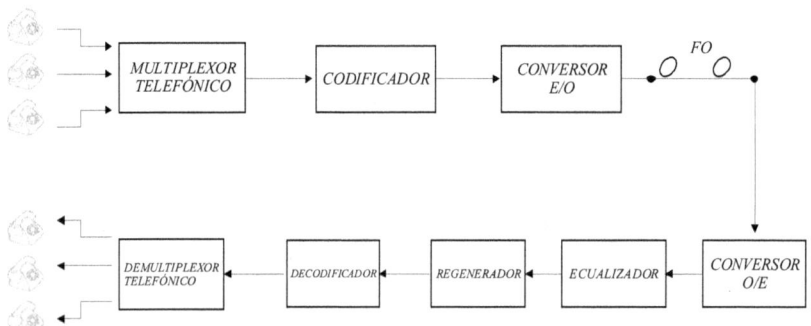

17.12.4. Enlace de TV

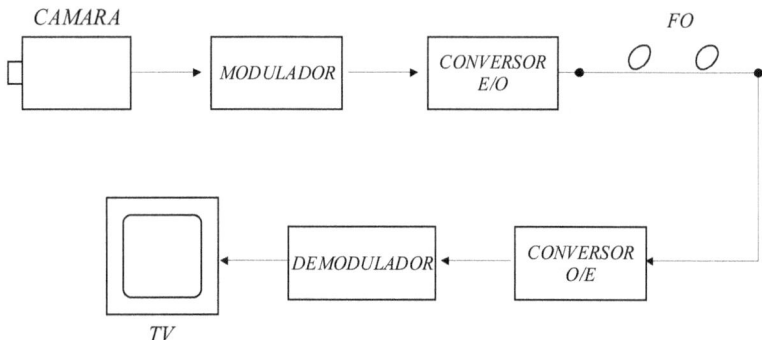

17.12.5. Transmisión de datos

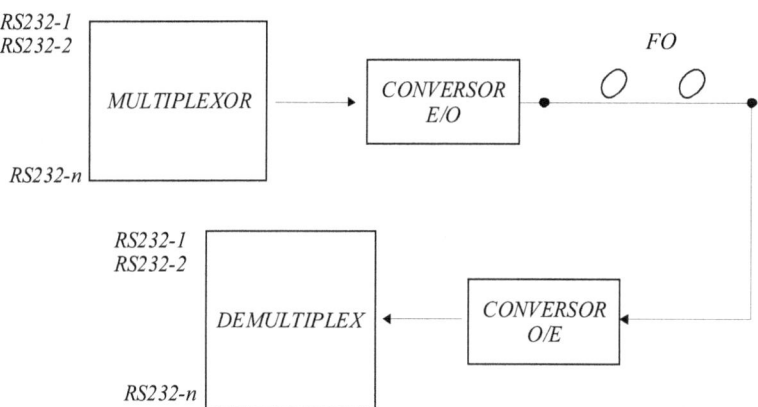

17.13. CODIFICACIÓN

Una codificación básica para la identificación de una FO se realiza con 4 ó 5 números y una letra:

$$\underbrace{30}_{a} \quad \underbrace{08}_{b} \quad \underbrace{F}_{c}$$

a) Atenuación x 10 dB/Km → Ejemplo: ≤ 3 dB/Km

b) Ancho de banda x 10^2 MHz . Km → Ejemplo: ≥ 800 MHz . Km

c) Ventana:

    F: FIRST

    S: SECOND

    T: THIRD

Una indicación que contempla las características físicas de la FO es:

$$\underset{a}{10}/\underset{b}{125} - \underset{c}{SI}/\underset{d}{2}$$

a)   Diámetro del núcleo.
b)   Diámetro del recubrimiento
c)   Perfil del índice (SI o GI)
d)   Ventana (1 – 2 – 3)

17.14. TRANSMISION POR FO

17.14.1 Analógica

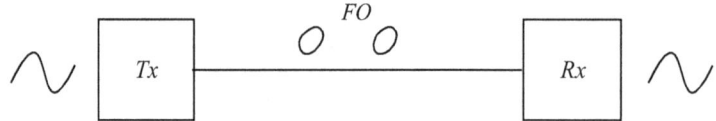

17.14.2 Digital

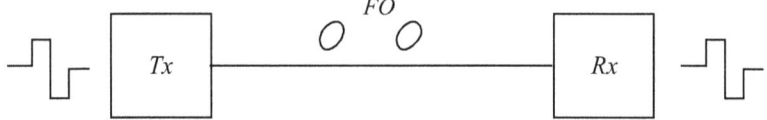

17.15. CAPACIDAD DE TRANSMISIÓN DE UNA FO

- Cantidad de información que puede ser transmitida por segundo y por kilómetro (bit. Km/s).

- Distancia que la señal puede viajar por la FO antes de tener que ser regenerada.

17.16. EMPALMES

- FIJOS (< 0,2 dB): POR FUSION → SOLDADURA POR ARCO ELÉCTRICO

- DESMONTABLES (< 0,6 dB):
  - SIMPLE → MECÁNICO (A ROSCA)
  - MÚLTIPLE → CABLE CINTA

17.17. PÉRDIDAS

17.17.1 Introducción

En una FO existen pérdidas lineales y no lineales, que son dependientes del nivel de señal.

Las pérdidas no lineales imponen un límite de potencia a utilizar.; para mejorarlas se recurre a diseños adecuados en la construcción de la FO.

Las pérdidas lineales principales, son:

- Dispersión del material.

- Absorción del material.

- Acoplamiento del modo al campo de radiación.

- Radiación debido a las curvas.

- Modos de fuga.

17.17.2 Pérdidas por dispersión

17.17.2.1 Dispersión modal

La dispersión modal (DM) se debe a la apertura de un impulso de luz producido por los distintos recorridos de los distintos rayos en la FO y a que el ancho de banda de la FO no es infinito.

Si se introduce un pulso ideal (gaussiano) a una FO:

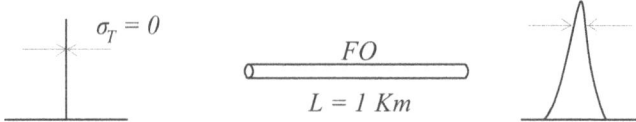

Si se introduce un pulso real a una FO:

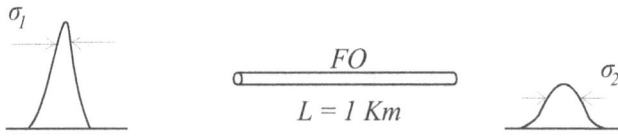

Se define a la dispersión modal σ

$$\sigma = \sqrt{\sigma_2^2 - \sigma_1^2}$$

Esta DM es función de la longitud de la FO.

$$\sigma = f(L)$$

Si se aplican una serie de impulsos, la limitación del periodo de entrada queda impuesta por la superposición de los pulsos de salida.

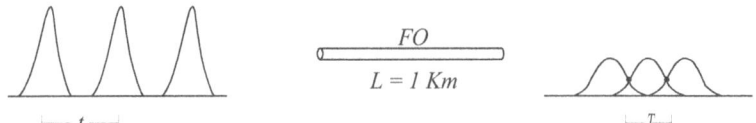

La DM se supera:

- Variando η de manera gradual.

- Usando FO monomodo.

17.17.2.2 Dispersión cromática

La dispersión cromática (DC) se debe a que las distintas frecuencias que componen la señal que atraviesa la FO se propagan por la misma con diferentes velocidades para cada componente.

Por lo tanto, a la salida de la FO las componentes llegarán en tiempos distintos, deformando la forma de onda original que existía en la entrada de la FO.

Es numéricamente menor que la dispersión modal.

17.17.2.3 Dispersión de guía de onda

La dispersión de guía de onda son retardos que se producen en la FO por deficiencias de fabricación.

Esta dispersión se origina, básicamente, por defectos de:

- Circularidad.
- Excentricidad.

Esta dispersión aparece enmascarada con las otras dos dispersiones (DM y DC) y es de varios órdenes de magnitud menor.

La DC se supera con:
- Fuentes monocromáticas.
- Usando transmisores en 1300 nm: la DC es mínima por ser mínima la atenuación de la FO.

17.18. PROTECCIÓN

17.18.1 Protección adherente

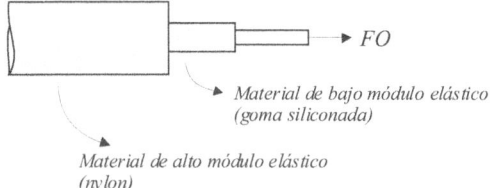

Material de bajo módulo elástico (goma siliconada)

Material de alto módulo elástico (nylon)

17.18.2 Protección suelta

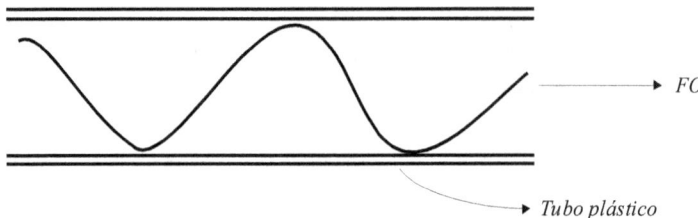

17.19. MEDICIONES

17.19.1 Característica de transferencia

Se coloca un impulso gaussiano de espectro conocido a la entrada de la FO:

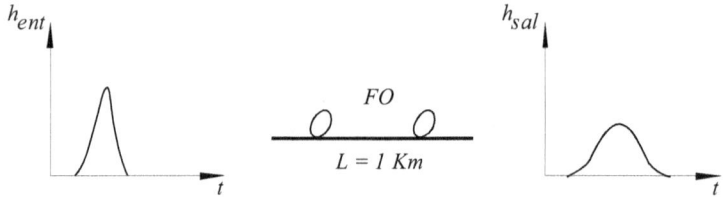

Por computadora, se toman muestras por transformada de Fourier y se hace el cociente.

$$h\,sal = h\,fo.h\,ent$$

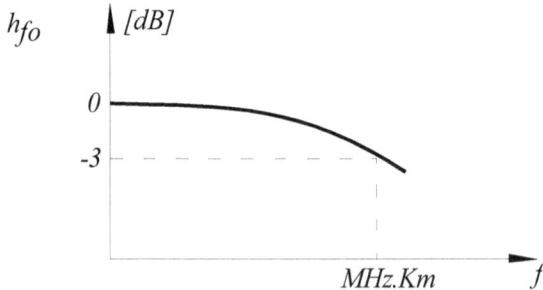

17.19.2 Atenuación

17.19.2.1 Método preciso

$$L = 1\ Km$$

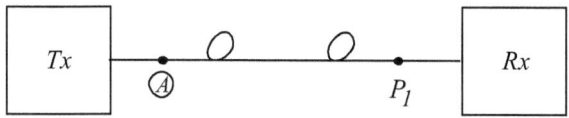

P1: potencia de recepción

Se mide el valor de P1. Se cortan unos centímetros en "A" y se coloca allí el receptor.

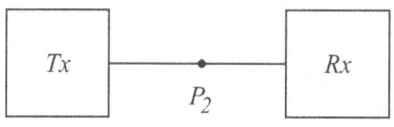

$$At = 10\ log\ P2/P1$$

Tiene el problema de que precisa tener accesible los dos extremos de la FO.

17.19.2.2 Método práctico

También denominado método reflectométrico, se emiten impulsos de luz y se ve la reflejada en un osciloscopio.

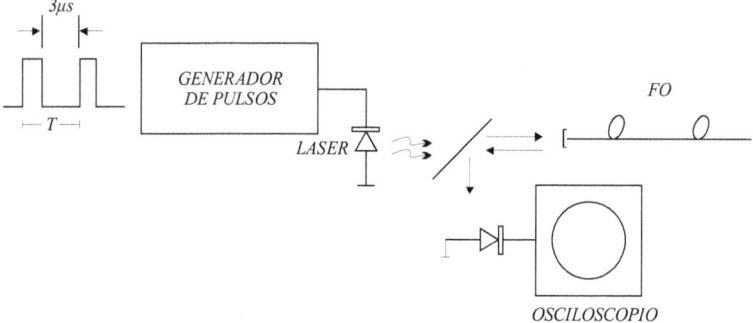

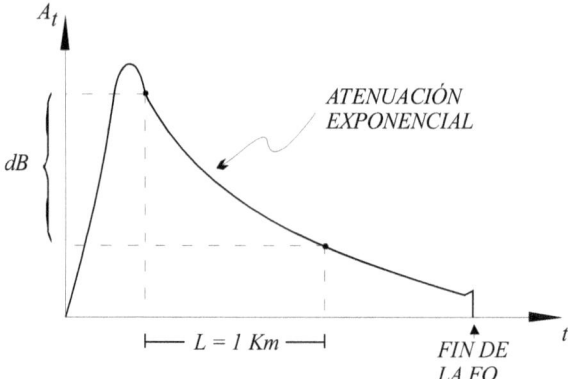

Con este método se logran errores de 1 metro o menos en la medición de FO de algunos kilómetros de longitud.

También sirve para detectar la distancia existente a roturas o cortes de FO en cañerías entubadas.

17.20. ACTUALIDAD Y FUTURO

Las aplicaciones de las FO son innumerables. Dentro de éstas, se aprovechan alguna o varias de las ventajas enumeradas.

En nuestro país, una de las primeras aplicaciones en gran escala fue la construcción del "Cinturón Digital" en Buenos Aires, lo que permitió vincular centrales telefónicas.

Actualmente existen varias aplicaciones en obras, como por ejemplo la instalación de un enlace por FO entre la Estación Terrena "Bosque Alegre" y la ciudad de Córdoba, la malla óptica de Telecom Argentina, los anillos urbanos construidos en la ciudad de Córdoba para empresas como IMPSAT, NSS, TELECOM, etc.

Asimismo, es cada vez más frecuente su uso en áreas de telecontrol, electromedicina, etc.

Algunas de las principales aplicaciones de las FO son:

 # CONTROLES CERCANOS: de uso en edificios, barcos, aviones, etc., donde las longitudes sean del orden del kilómetro o mayores.

 # TRANSMISIÓN DE ENERGÍA: aplicación en áreas donde es imposible el acceso humano y/o de conductores metálicos convencionales (estaciones de alta tensión, centrales nucleares, etc.).

 # CENTRALES: conecta sin repetidoras a puntos distantes entre 5 y 10 Km o más, con alta necesidad de información.

 # REDES: vincula abonados con servicios actuales o futuros (Internet, video teléfonos, datos, etc.).

 # CABLE SUBMARINO: con tendidos ya instalados y otros por realizar, permite enviar mayor cantidad de información que por un cable metálico y con un menor número de repetidores intermedios.

17.21. PROBLEMAS

- 1) Si el índice de refracción del núcleo de una fibra óptica es de 1,45 y el de su revestimiento es de 1,42, la apertura numérica de la fibra es de:
  - a) 0,12
  - b) 0,18
  - c) 0,29
  - d) 0,38

- 2) El núcleo de una fibra de vidrio tiene un diámetro de 50 μm y un índice de refracción de 1,62, mientras que el índice de refracción del revestimiento es de 1,604. Si en esa fibra se emplea luz con una longitud de onda de 1300 nm, calcular:
  - a) La apertura numérica.
  - b) El ángulo de aceptación.
  - c) El número de modos de transmisión.

- 3) Una fibra óptica con radio de 2,5 μm e índice de refacción de 1,45 tiene aire como revestimiento. Si es iluminada por un rayo de 1,3 μm, determinar:
  - a) V
  - b) AN
  - c) Una estimación de cuántos modos puede propagar.

- 4) Una fibra óptica con atenuación de 0,4 dB/Km tiene 5 Km de largo, n1 = 1,53, n2 = 1,45 y un diámetro de 50 μm. Calcular:
  - a) El ángulo máximo en el cual rayos de luz entrarán en la fibra y serán atrapados o confinados.
  - b) El porcentaje de la potencia de entrada recibida.

- 5) Un diodo de rayo láser es capaz de acoplar 10 mW en una fibra con atenuación de 0,5 dB/Km. Si la fibra es de 850 m de largo, calcular la potencia recibida en su extremo final.

- 6) Un sistema de ondas luminosas se sirve de un enlace de fibra de 30 Km con una pérdida de 0,4 dB/Km. Si el sistema precisa de al menos 0,2 mW en el receptor, calcular la potencia mínima que debe ser transmitida por la fibra.

- 7) Un cable de fibra óptica de 20 Km de longitud, tiene una potencia de salida de 0,02 mW. Si la pérdida de la fibra es de 0,48 dB/Km, ¿cuál es su potencia de entrada?
  - a) 52 uW
  - b) 19 uW
  - c) 7 uW
  - d) 2 uW

CAPITULO 17 Fibras Ópticas

17.22. PREGUNTAS DE REPASO/EXAMEN

- 1) ¿Cuál de los siguientes elementos no es una fuente de interferencia electrónica?
  - a) Computadora personal
  - b) Fibra óptica
  - c) Radar policial
  - d) Avión
  - e) Lámpara fluorescente

- 2) La fibra óptica es:
  - a) Una línea de transmisión
  - b) Una guía de ondas
  - c) Ambas cosas
  - d) Ninguna de ellas

- 3) A diferencia del cable coaxial y del par trenzado de cobre, la fibra óptica es inmune a:
  - a) Transmisión a alta frecuencia
  - b) Atenuación de señal
  - c) Pérdida de potencia
  - d) Interferencia electromagnética
  - e) Computadora personal

- 4) Usted es consultor de comunicaciones y se le ha solicitado diseñar la red de un auditorio. Sin problemas de velocidad ni de costo, el único reparo es la interferencia de una estación de radio cercana. ¿Cuál de los medios siguientes sería el más apropiado para implementar la red?
  - a) Microondas
  - b) Cable coaxial
  - c) Fibra óptica
  - d) Radio

- 5) Las aplicaciones de una fibra óptica incluyen:
  - a) Cable submarino
  - b) Telecomunicación de larga distancia
  - c) Transmisión de datos a alta velocidad
  - d) Instrumentación médica
  - e) Todas las anteriores

- 6) Los rayos de luz están confinados dentro de una fibra óptica simple por medio de:
  - a) Reflexión interna total en la cara externa del revestimiento
  - b) Reflexión interna total en la interfaz núcleo/revestimiento
  - c) Reflexión en el forro o revestimiento de la fibra

- d) Refracción
- e) Difracción

- 7) Explicar las ventajas derivadas del uso de cable de fibra óptica.

- 8) ¿Qué es la dispersión de impulsos?

- 9) ¿Qué utilidad ofrece la fibra óptica en el aislamiento contra la interferencia electrónica?

Anexo A

"Una docena de problemas de exámenes parcial y final

- EXAMEN 1
- EXAMEN 2
- EXAMEN 3: A - B - C
- EXAMEN 4
- EXAMEN 5: A - B
- EXAMEN 6: A - B
- EXAMEN 7: A - B
- EXAMEN 8: A - B - C - D - E
- EXAMEN 9: A - B - C - D
- EXAMEN 10: A - B
- EXAMEN 11: A - B
- EXAMEN 12: A - B

Examen 1

El campo eléctrico asociado a una onda electromagnética se propaga a una velocidad Vp igual al 70% de la velocidad de la luz cuando la frecuencia del generador es Fg

El medio en el cual se propaga la onda, tiene una permeabilidad magnética relativa igual a la unidad y la conductividad σ es igual a cero, se desconoce la constante dieléctrica ε.

Calcular:

a) Longitud de onda (λ)

b) Constante de fase (β)

c) Impedancia intrínseca (η_1)

Si la onda incide en forma perpendicular en un medio 2 de impedancia característica η_2, representar en un ábaco de Smith e indicar en forma clara y precisa:

d) La impedancia normalizada (zn)

e) La admitancia normalizada (yn)

f) El coeficiente de reflexión (Γ): módulo y argumento

g) La R.O.E. relación de onda estacionaria

DATOS

Velocidad de propagación **(vp)** = **2,1E+08** [m/s]

Frec generador **Fg** = **125** [MHz]

Tensión generador **Vg** = **100** [V]

Impedancia del medio 2 (η_2) = **185 +j 396** [Ω]

Examen 2

Un radar meteorológico emite una onda electromagnética, cuyo campo eléctrico posee una amplitud Ei a una frecuencia F_R.

La onda se propaga por un medio 1 e incide en forma perpendicular sobre la superficie plana de un medio 2 cuyos parámetros son los indicados.

Permeabilidad magnética relativa $\mu_r = 1$

Constante dieléctrica relativa $\varepsilon_r = 1$

Conductividad eléctrica $\sigma = 0$

Calcular:

1) Impedancia intrínseca de cada medio ($\eta_1 ; \eta_2$)
2) Constante de fase ($\beta_1 ; \beta_2$)
3) Longitud de la onda de cada medio ($\lambda_1 ; \lambda_2$)
4) Cte. de reflexión del campo eléctrico (Γ_E) y magnético (Γ_H)
5) Cte. de trasmisión del campo eléctrico (T_E) y magnético (T_H)
6) Modulo del campo eléctrico reflejado (E_R) y transmitido (E_t)
7) Modulo del campo magnético incidente (Hi), reflejado (Hr) y transmitido (Ht).
8) Verificar los resultados anteriores, demostrando la igualdad de las densidades de potencia (Poynting) de ambos medios (P_{y1}, P_{y2})
9) Representar en el ábaco de Smith claramente, el coeficiente de reflexión (módulo y argumento), impedancia y admitancia normalizada y el ROE.

DATOS:
- Ei: 240 [V/m]
- Fr: 100 [Mhz]

MEDIO 1
- μ_{r1} 1
- ε_{r1} 1
- σ_1 0   [Ω/m]

MEDIO 2
- μ_{r2} 1
- ε_{r2} 6,25
- σ_2 0   [Ω/m]

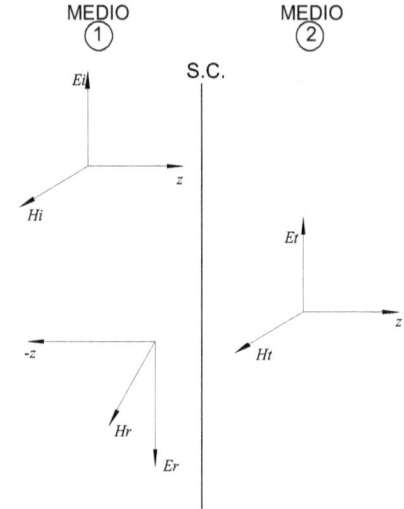

Examen 3

1 – Una Línea de transmisión se usa para transmitir considerables cantidades de potencia a una frecuencia de 100 Mhz y tiene los siguientes coeficientes de circuito distribuido a esa frecuencia:

$R = 0{,}098\ [\Omega / m];$ $\qquad L = 0{,}32 \times 10^{-6} H / m;$

$G = 1{,}50 \times 10^{-6} siemens / m;$ $\qquad C = 34{,}5 \times 10^{-12} F / m$

Encuentre la impedancia característica de la línea a esa frecuencia de operación.

2 – Para una línea de transmisión coaxil RG/58U, dos de las especificaciones son: velocidad de la señal 66% y que la atenuación a una frecuencia de 50 MHz es de 2,7dB/30m. Si se quisiera usar una longitud de cable para retardar una señal en 1/ seg entre dos puntos de un circuito que opera a un frecuencia de 50 MHz.

¿Qué longitud de cable se requeriría y en que factor se reducirá el voltaje de la señal mientras se efectúa el retardo?

3 – Se posee una antena receptora distante de la planta transmisora a 45 Km; la potencia de transmisión es de 50 W.

El sistema tiene una ganancia de 12 dB y en el trayecto se pierden 85 dB. Si se necesita 2mv/m en la antena receptora, verifique si el enlace es posible y si no es posible diga cuál es la ganancia necesaria en el sistema.

Examen 4

Se posee una línea de trasmisión como lo indica la figura, adaptada a un stub en cortocircuito de 11,2 cm de largo, a una distancia de la carga de 21,85 cm. La línea de trasmisión tiene una $Z_0 = 50\,\Omega$ y esta conectada a un generador que entrega un valor de campo $\bar{E} = 10V/m$ a una frecuencia de 300 MHz

Se desea conocer sin cambiar las condiciones en que se encuentra la línea:

    A- Cuál es la ROE de campo eléctrico que va a tener la línea entre el generador y el stub si se lo excita con un generador de $10\,\dfrac{V}{m}$ a $600MHz$

    B- Cuál es el módulo y argumento del coeficiente de reflexión de campo eléctrico en el stub (verificar por método analítico) cuando se lo excita a 600 MHz

    C- Cuál es el valor de campo eléctrico reflejado $\bar{E}r$ que recibe el generador a 600 MHz.

    D- Cuál es el valor de la impedancia de Carga Z_R

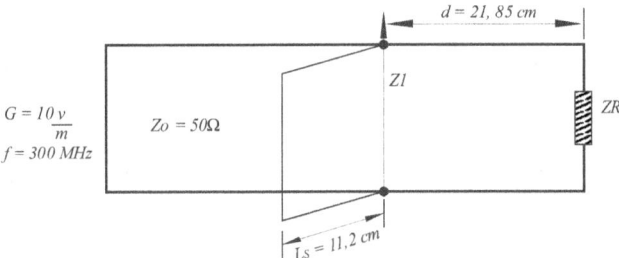

Examen 5

A) Una línea de trasmisión es utilizada en el sistema de transmisión complementario de la emisora LV2 en sus emisiones de FM ($f_{TX} = 99,7 MHz \simeq 100 MHz$).

Dicha línea posee los siguientes coeficientes de parámetros distribuidos a esa frecuencia de trabajo.

$R = 0,098 \, \Omega / m$ $L = 320 \, mH / m$
$G = 1,5 \, \mu S / m$ $C = 34,5 \, pF / m$

a) Calcular la impedancia característica de la línea a la frecuencia de trabajo.
b) Suponiendo que la línea de transmisión no presenta perdidas a la frecuencia de trabajo, calcular:

b1) La impedancia característica a la frecuencia de trabajo.

b2) El tiempo de retardo a la frecuencia de trabajo.

B) Se dispone de una línea de transmisión coaxial RG/58U, la que posee:

* Velocidad de la señal: 75%

* Atenuación a 200 MHz = 1, 8 dB/30m

Se quiere utilizar dicho cable para retardar 1 μs una señal entre dos puntos de un circuito que trabaja a una frecuencia de 200 MHz.

a) La longitud de cable requerida
b) Factor en que se reduce el voltaje de la señal mientras se efectúa el retardo.-

Examen 6

Tema 1: Adaptación de líneas de transmisión

Una línea de transmisión presenta una impedancia característica $Z_0 = 75$ Ohm. A bornes de su entrada se conecta un generador de señal sinusoidal de RF cuya frecuencia es de 350 MHz. A bornes de salida se conecta una impedancia de carga compuesta por los elementos: L = 100 nH; C = 10 pF; R = 100 Ohm.

a) Calcular la longitud de onda de la señal de RF

b) Calcular el valor de impedancia de carga ZL. (*)

c) Calcular el valor de la admitancia de carga normalizada yL. (*)

d) Calcular la distancia DL entre la carga y el ramal sintonizado.

e) Calcular la distancia DS del ramal sintonizado.

f) Indicar el valor de la relación de onda estacionaria en la carga.

g) ¿Cuál es el valor de impedancia que se tiene en el extremo del ramal sintonizado conectado a la línea de transmisión?

h) ¿Cuál es el valor de impedancia que se tiene en los bornes del generador conectado a la línea de transmisión?

i) ¿Por qué motivos en estos casos se usan ramales sintonizados terminados en cortocircuito y no en circuito abierto?

j) ¿Cuál es la finalidad del uso del ramal sintonizado?

Nota: (*) indicarlo también gráficamente en la carta circular

Tema B: Guías de ondas

Se dispone de una guía de onda cuya geometría transversal es rectangular.

a) Deducir las ecuaciones del modo de propagacion TM.

b) Demostrar cuál es el menor modo TM posible de propagarse en su interior.

c) Deducir la fórmula de la frecuencia de corte.

Anexo A: "Una docena de problemas de exámenes parcial y final

d) ¿Qué característica física y eléctrica debe presentar la superficie interior de una guía de onda?

e) ¿Qué características física y eléctrica debe presentar la superficie exterior de una guía de onda?

f) ¿A qué tipo de filtro básico equivale el análisis de la respuesta en frecuencia de una guía de onda?

NOTA: modalidad de calificación:

PUNTOS	NOTA
0	0 (*cero*)
1 – 20	1 (*uno*)
21 – 40	2 (*dos*)
41 – 54	3 (*tres*)
55 – 59	*COLOQUIO*
60 – 64	4 (*cuatro*)
65 – 70	5 (*cinco*)
71 – 76	6 (*seis*)
77 – 82	7 (*siete*)
83 – 88	8 (*ocho*)
89 – 94	9 (*nueve*)
75 – 100	10 (*diez*)

Examen 7

A) Líneas de transmisión

Una línea de transmisión presenta una impedancia característica $Z_0 = 50$ Ohm.

A su entrada se conecta un generador de señal sinusoidal cuyo periodo es de 4 ns.

Sobre la línea de transmisión, se conecta un stub de 15 cm de longitud separado 1/8 de longitud de onda de la carga.

a) Calcular el valor de la impedancia de carga ZL.
b) Indicar la finalidad del uso del stub.

B) Reflexión oblicua en una superficie conductora

a) Indicar cuáles son los tipos de ondas que se generan en el eje perpendicular a la superficie conductora. Demostrarlo analíticamente.
b) Indicar cuáles son los tipos de ondas que se generan en el eje paralelo a la superficie conductora. Demostrarlo analíticamente.
c) Obtener las expresiones analíticas del campo eléctrico incidente reflejado.
d) Obtener la expresión analítica del campo eléctrico total.
e) Graficar las expresiones pedidas.
f) Sintetizar la característica que se origina con este tipo de incidencia.

Examen 8

A) U.T.3 – Condiciones de Frontera:

a) Calcular el ángulo θ_1 con el que emerge un campo eléctrico de un material donde $\varepsilon_1 = 2,1\varepsilon_0$, si en el medio 2 de $\varepsilon_2 = 10\varepsilon_0$ su ángulo $\theta_2 = 80,00°$

b) Los ángulos están medidos desde la normal a la superficie del contorno.

B) U.T.10 – Cálculo analítico y gráfico del campo total en reflexión normal:

a) Expresar las ecuaciones de circunferencia para la construcción del ábaco de Smith.

b) Expresar la fórmula analítica y graficar la suma de dos vectores que no son perpendiculares (teorema del coseno).

C) U.T.17 – Fibras Ópticas:

a) Graficar y explicar la estructura básica del cable de fibra óptica y la forma de propagación dentro de ella.

b) Describir la clasificación de fibras ópticas por modos y tipo de perfil.

D) U.T.4 - Ecuación de onda electromagnética:

a) Expresar la ecuación de onda electromagnética y explicar cada uno de sus parámetros.

b) Definir y expresar la constante de profundidad de penetración y relacionarla con los blindajes.

E) U.T. 16 – Antenas:

a) Graficar una antena Yagi de cinco elementos y expresar en longitudes de onda el largo y la separación de cada uno de sus elementos.

b) Definir y graficar algunos tipos de planos de tierra.

Examen 9

A) U.T. 15 – Radiación:
   a) Explicar qué son los potenciales retardados y expresar sus fórmulas.
   b) Explicar cómo se denominan cada uno de los términos $(1/r)$, $(1/r^2)$, $(1/r^3)$ y cuales están presente en E_θ, E_r y H_ϕ

B) U.T. 4 – Condiciones de Frontera:
   a) Expresar las condiciones de contorno entre un dieléctrico y un conductor perfecto para H_t y D_n; explicar el fundamento de las mismas.
   b) Explicar cómo calcula el ángulo θ_2 con que emerge una onda de campo D que ingresa con un ángulo θ_1 en un dieléctrico 1 y sale por un dieléctrico 2.

C) U.T 12 – Guía de ondas:
   a) Expresar la ecuación para el cálculo de la frecuencia de corte de una guía de onda y cómo se modifica para el modo TM_{11} y TE_{10}.
   b) Graficar los campos E y H dentro de una guía de onda para el modo TM_{11}.

D) U.T. 6 – Poynting:
   a) Expresar y analizar la ecuación final del vector de Poynting para explicar la conservación de la potencia.
   b) Demostrar que el vector de Poynting es la densidad de la energía transportada por la OEM.

Examen 10

A) **Condiciones de Contorno** →40 puntos

Calcular el ángulo θ1 con el que emerge un campo eléctrico de un material donde $\sigma_1 = \sigma_0$, si en el medio 2 de: $\sigma_2 = 10\sigma_0$, se tiene el ángulo de salida: θ2 = 84,30°.

Los ángulos están medidos desde la normal a la superficie de contorno.

B) **Ecuación de Onda** →60 puntos

Partiendo de la siguiente ecuación de onda:

$Ex(t, z) = 10\cos \pi(2.10 < \exp 8 > t - 2 / 3z).ax$

Hallar:

- A) Longitud de onda (λ)
- B) Velocidad de la onda (vp)
- C) Frecuencia (f) y periodo (T)
- D) Constante de fase (B)
- E) Graficar el campo eléctrico para 0 < z < 3 metros, cada 0,375 m.
- F) Hallar el campo magnético $\underline{H}$ asociado a la onda electromagnética que se propaga en el vacío.

Examen 11

A) Coeficiente de Reflexión → 30 puntos

Dada una línea de transmisión con Zo = 75 Ω, terminada en una impedancia de carga ZL = 300 Ω, calcular:

    A1) Coeficiente de reflexión

    A2) ROE

B) Adaptación con 1 stub → 70 puntos

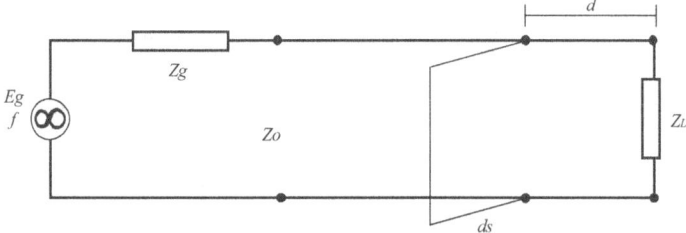

Si

$Eg = 100V; Zg = 100\Omega + j150\Omega; f = 300MHz; Zo = 75\Omega$ y
$ZL = 100\Omega - j50\Omega$

Calcular utilizando la carta circular (ábaco de Smith):

- b1) Longitud de onda
- b2) Coeficiente de reflexión en la carga
- b3) ROE
- b4) Distancia del stub a la carga: d
- b5) Longitud del stub: ds

Examen 12

A) Calcular las dimensiones necesarias para construir una antena Yagi de 3 (tres) elementos para recibir la señal de RF de CATV enviada por canal 12 de Córdoba.

Para lograr la recepción en la dirección de máxima captura de señal, indicar:

- A) Longitud de cada uno de los elementos
- B) Distancia de separación entre los elementos
- C) Justificación técnica de la ubicación espacial en la que se deberá colocar la antena para la máxima recepción de señal.

B) Graficar los diagramas de reflexiones espacial y temporal de las tensiones y de las corrientes para la siguiente línea de transmisión:

$$Z_L = 3Z_0 \qquad Z_G = \infty$$

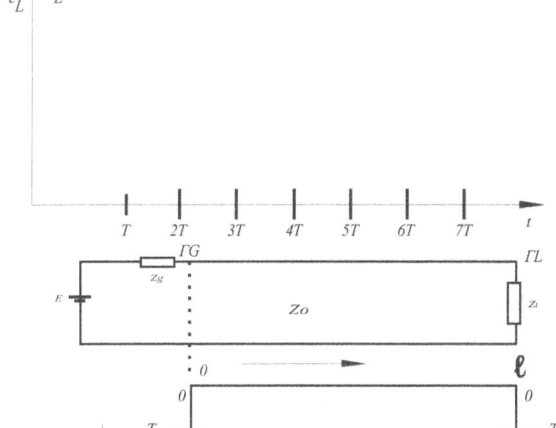

Anexo B

ALGUNAS PREGUNTAS DE EXAMEN

Temas de la 3ª fecha del turno marzo 2009 (23/2/09)

- ➢ 1) La distancia a la cual la onda se atenúa al 36,77 % de su valor inicial es:
    - A) LA CONSTANTE DE ATENUACION (alfa).
    - B) EL FACTOR DE DISIPACION (FD).
    - C) LA CONSTANTE DE PROFUNDIDAD DE PENETRACION (delta).
    - D) LA FRECUENCIA DE CORTE (Fc).

- ➢ 2) EL tipo de reflexión que se produce dentro de una fibra óptica para que haya propagación, se denomina:
    - A) PARALELA.
    - B) OBLICUA
    - C) PERPENDICULAR.

- ➢ 3) Las antenas Yagi comprenden una serie de elementos directores, activos y reflectores. Los elementos no activados, se denominan:
    - A) PARASITOS
    - B) RADIADORES
    - C) TRANSMISORES

> 4)

1) En una fibra óptica, y para una determinada apertura numérica (AN), a medida que se reduce el diámetro del núcleo de la fibra, disminuye el número de modos de propagación.

2) Aumentando la apertura numérica mejora la emisión, pero aumentan los modos de propagación que inciden desfavorablemente en la propagación.

- A) VERDADERO 2 Y FALSO 1.
- B) VERDADERO LAS DOS
- C) FALSO LAS DOS
- D) VERDADERO 1 Y FALSO 2.

> 5) La propagación electromagnética por onda de tierra (superficie terrestre) sobre la superficie del mar (agua salada), se atenúa mucho menos que sobre el terreno firme.

- A) FALSO
- B) ES INDISTINTO, NO DEPENDE DEL MEDIO
- C) VERDADERO

> 6) Cuando analizamos los campos que se producen al alimentar un elemento de corriente, los términos de radiación los identificamos porque poseen la siguiente relación:

- A) $1/r2$
- B) $1/r$
- C) $1/r3$

> 7) Si el vector del campo eléctrico € es paralelo a la superficie de frontera y perpendicular al plano de incidencia (el plano de incidencia es aquel que contiene al rayo incidente y a la normal de la superficie de frontera) se denomina:

- A) POLARIZACION VERTICAL
- B) POLARIZACION OBLICUA
- C) NO ES CORRECTO EL ENUNCIADO
- D) POLARIZACION HORIZONTAL

➤ 8) Si una onda electromagnética se propaga desde el medio 1 al medio 2 y la impedancia intrínseca del medio 1 es mayor que la del medio 2, lo que ocurre es:
    - A) EL CAMPO ELECTRICO REFLEJADO SE INVIERTE 180°
    - B) EL CAMPO ELECTRICO TRANSMITIDO SE INVIERTE 180°
    - C) EL CAMPO MAGNETICO TRANSMITIDO SE INVIERTE 180°
    - D) EL CAMPO MAGNETICO REFLEJADO SE INVIERTE 180°

➤ 9) En guías de ondas tenemos dos modos posibles de propagación: transversal Eléctrico (TE) y transversal magnético (TM). ¿En cuál de ellos podemos tener que los números de semiciclos (mn) sean 01 ó 10?
    - A) EN CUALQUIERA DE LOS DOS MODOS: TE O TM
    - B) EN EL TRANSVERSAL MAGNETICO (TM)
    - C) EN NINGUNO DE LOS DOS, PORQUE NO HABRIA PROPAGACION
    - D) EN EL TRANSVERSAL ELECTRICO (TE)

➤ 10) En una Antena Yagi:
    1) Se utilizan dos tipos de antena: a) el dipolo simple; b) el dipolo compuesto.

2) El dipolo simple es un elemento con un largo de 0,476 de longitud de onda, es decir, 5% más corto que media longitud de onda.
    - A) FALSO LOS DOS
    - B) VERDADERO 2 Y FALSO 1
    - C) VERDADERO 1 Y FALSO 2
    - D) VERDADERO LOS DOS

BIBLIOGRAFÍA

- ARES, R.: "Tecnología de las fibras ópticas" – ARBÓ
- ARES, R. y TONDI RESTA J.: "Fibras ópticas: tecnología y sistemas" – ARBÓ
- BRONZI, A.: "Linee di transmissione ed antenne" – COLOMBO
- CHIPMAN, S.: "Líneas de transmisión" – Serie SCHAUM – Mc GRAW HILL
- EDMINISTER, J.: "Electromagnetismo" – Serie SCHAUM – Mc GRAW HILL
- JORDAN, E.: " Ondas electromagnéticas y sistemas radiantes" – PARANINFO
- MENSO, E.: "El decibel: definición y aplicaciones" – Revista ELECTRÓNICA TELEGRÁFICA – ARBÓ
- MENSO, E.: "Microondas: conceptos y aplicaciones" – UNIVERSITAS
- MENSO, E.: "Una explosión de luz" – Revista Digital N° 3 – Dpto. Electrónica – UTN FRC
- SIEMENS: "Conductores de fibras ópticas" – MARCOMBO BOIXERAU
- SKILLING, W.: "Fundamentos de las ondas eléctricas" – ARBÓ
- TERMAN, F.: "Ingeniería Electrónica y de radio" – ARBÓ
- VERCON, P.: "Propagación guiada de ondas electromagnéticas" – LIARA

===

7.FEBRERO.2019

La presente edición de *Medios de Enlace, un enfoque Práctico;* se terminó de imprimir en el mes de Junio de 2020 en Universitas. Pje. España 1467. Córdoba. Te/Fax: 54-351-4680913.
Email: editorialuniversitas.com.ar

Impreso en Argentina